时空之舞

走进爱因斯坦的相对论世界

[日]福江纯 著 马倩 译

U0191286

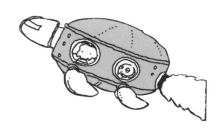

机械工业出版社

CHINA MACHINE PRESS

时间和空间的概念是如此常见，以至于我们觉得它们的存在是"理所当然"的。但是相对论在 20 世纪初完全颠覆了人们对这两个概念的传统认知：时间的流逝可能变慢，两个人衰老的速度可能不同，光速是无法超越的极限速度，过去、现在和未来的区分也只是"顽固而执着的幻觉"。本书通过生动的笔调、浅显的示例和形象的插图对相对论的基本原理进行了阐述和解读，揭示了相对论的深刻内涵和广泛影响，有助于提高读者的科学素养。本书适合对物理学感兴趣的普通读者阅读，也适合希望深入了解相对论的科学爱好者阅读。

《"CHOU"NYUUMON SOUTAISEI-RIRON AINSHUTAIN WA NANI O KANGAETANOKA》
© Jun Fukue 2019
All rights reserved.

Original Japanese edition published by KODANSHA LTD.

Publication rights for Simplified Chinese character edition arranged with KODANSHA LTD. through KODANSHA BEIJING CULTURE LTD.Beijing, China.

本书由日本讲谈社正式授权，版权所有，未经书面同意，不得以任何方式做全面或局部翻印、仿制或转载。

北京市版权局著作权合同登记　图字：01-2021-6194 号。

图书在版编目（CIP）数据

时空之舞：走进爱因斯坦的相对论世界／（日）福江纯著；马倩译. -- 北京：机械工业出版社，2025.2. -- ISBN 978-7-111-77219-4

Ⅰ . O412.1-49

中国国家版本馆CIP数据核字第2024P6M011号

机械工业出版社（北京市百万庄大街22号　邮政编码100037）
策划编辑：蔡　浩　　　　　　责任编辑：蔡　浩
责任校对：肖　琳　张　薇　　责任印制：郜　敏
三河市宏达印刷有限公司印刷
2025年3月第1版第1次印刷
130mm×184mm·7.25印张·109千字
标准书号：ISBN 978-7-111-77219-4
定价：49.00元

电话服务　　　　　　　　　　网络服务
客服电话：010-88361066　　机　工　官　网：www.cmpbook.com
　　　　　010-88379833　　机　工　官　博：weibo.com/cmp1952
　　　　　010-68326294　　金　书　网：www.golden-book.com
封底无防伪标均为盗版　　机工教育服务网：www.cmpedu.com

前　言

"上帝虽狡猾，但并无恶意。"

"世界是可以理解的，这个事实是一个奇迹。"[1]

1879 年 3 月 14 日，阿尔伯特·爱因斯坦于德国南部的乌尔姆市出生。1955 年 4 月 18 日，他在美国东部普林斯顿的一家医院中与世长辞，享年 76 岁。

爱因斯坦不停地对自然界的起源和机制发出最朴素的提问，解决了很多根本性的问题。他也心系人类世界，并留下了另一些难题。

爱因斯坦有很多名言，比如我在上面所引用的那些。爱因斯坦思考这个世界的方式、他做研究时的基本态度，我们或可从这些言论中窥得一二。而本书也将以这些名言为线索来介绍他的思考和研究。

市面上有关爱因斯坦和相对论的书籍不在少数，最近也不乏以图解为重点方式、用图片等可视化形式进行阐释的图书。然而，多数启蒙读物只告诉读者在相对论的世界里会发生怎样的现象，却不触及产生这些现象的原因，总有隔靴搔痒之感。

还有一些图书则是精解相对论的教科书。它们或许只对那些钻研相对论的学生有用。这类教科书通常晦涩难懂，书里充斥着各种公式。理科生尚可接受，其他人恐怕只会敬而远之。

然而，相对论、量子力学之类的理论的本质不在于复杂的公式，而在于对想当然的思维方式的变革。因此，这些理论最核心的部分（虽然不是全部）都能用非常简单易懂的语言来说明。只要我们改变思维方式，就一定能理解。因此，本书若能填补上面两种图书之外的空白，那当然甚好，但即便只能成为挠到痒处的那个"痒痒挠"也足够了。

顺便提一句，在开头那句话中，爱因斯坦所说的"上帝"并非我们熟知的宗教意义上的神，而是掌管自然法则的自然之神。根据爱因斯坦本人的说法，这句话的意思是，自然向人类隐匿自身的秘密是由其高贵的本质所决定的，而非出于恶意。

目 录

第一章

你的时间，我的时间——相对性是怎么一回事

把手放在烧热的炉子上忍一分钟，

你会觉得像一个小时那么漫长。

但是跟可爱的女子共度一小时，

你会觉得只有一分钟那么短暂。

这就是所谓的相对性。[2]

你的时间和我的时间

只会照本宣科的无聊课程，除了争论鸡毛蒜皮没有任何实质内容的会议，就算只有一小时也会让人觉得格外漫长。对拥有快速入睡"特技"的人（比如我）来说还好，那些睡不着的人简直每一秒都觉得痛苦。所以有一种说法：在遥远的未来，如果人们掌握了长生不老的秘诀，那么最后的最后，人们将死于"无聊"。

而另一方面，跟恋人在一起的时候，久违地看到好电影的时候，投入游戏中的时候，做喜欢做的事情的时候，时间真的好像一下子就过去了。我想所有人都会有这样的感觉。

本章开头爱因斯坦的话准确地表达出了时间在主观上的相对性。且不论物理上的时间如何，这都是一个通俗易懂的表述。事实上，爱因斯坦1922年访日的时候，此处所提到的"相对性"正是街头巷尾的男女所热衷于讨论的话题。

这种主观上的对时间的感受取决于多巴胺、血清素等神经递质的量和反应方式。具体来说，快乐物质多巴胺刺激 A-10 神经，产生大脑中的兴奋剂——去甲肾上腺素和能引起兴奋和恐惧的肾上腺素。

此外，当我们回忆小时候时，总会觉得那时的时间跟长大后的时间不一样快。小时候，我们觉得一年相当地漫长，长大后却觉得一年短得不可思议——在感觉上，一年的长度随着年龄的增长而逐渐变短。这一点想必也是大家都认可的。这种感受与心率之类的因素有关，具有物种特异性的生物时间也是因此而产生的。

与上述的主观时间和生物时间相对应的物理时间则可以通过任意计时器来测量。计时器不限于手表乃至原子钟，任何规律变化的事物都可以用来计时。古时候，人们就把地球自转所引起的昼夜变化的一个周期计为一日，把地球公转所引起的一整轮季节变化计为一年。佛教里有一种说法是将宇宙的一生一灭称为一劫。

虽然（规律变化的）周期会有轻微的波动，但这足以让我们对客观时间有一个大致的认识。如果是在黑暗的环境中，我们可以用脉搏计时这种为人们所熟知的方法。人们的脉搏速率（脉率）虽然有差异，但正常成人在平静状态下的脉率大约为 60 次/分。数一下脉搏次数就能大概知道过了多长时间。在与恋人共度的一小时中，或者无聊会议上的一小时里，脉搏次数想必是大致相同的。

本章开头爱因斯坦的那句话说白了就是，你的时间和我的时间是不一样的。同一个人处于不同的环境与状况时，时间也是不同的。

就是这么一回事。虽然这里举的是主观时间和生物时间的例子，但实际上物理意义上的时间也会发生这样的现象。当然，并不是说手表出了问题，但这样的现象的确会发生。

永恒不变的空间悄然改变

20 世纪之前，物理世界比现在要简单得多。由艾萨克·牛顿所创建的经典力学支配了物理世界 200 多年。

牛顿认为，世界上存在着从人、石头到星球等各种各样的物质或者说物体，它们进行着各种各样的运动（或者说相互作用）。因此，它们存在并运行于其中的无限大的空间是真实存在的。所以，牛顿的基本理念就是：物体在空间中运动和变化，而空间本身是永恒不变的。这被称为"绝对空间"。

那么，让我们以此为基础来想象以下情景：假如在没有参考系的太空中有两艘宇宙飞船，当它们相对于彼此静止的时候，我们怎样判断它们是真的"静止"，还是在以相同的速度飞往相同的方向？或者当它们发生相对运动的时候，我们怎样判断到底是一艘飞船静止而另一艘在运动，还是两艘飞船都在运动呢？为了解答这些问题，牛顿设定了判断物体在太空中是否运动的标准。也就是说，将"绝对空间"定义为绝对静止的参考系，即"绝对静止系"。

爱因斯坦的看法则与此不同。爱因斯坦否定了牛顿的绝对空间，他认为物体相互间的运动状态——是静止的还是看起来是在运动的——才是重要的。这是（运动的）"相对性"的基本观点。

也就是说，牛顿认为是先有了空间这个容器，物质才能存在并运动于其间。爱因斯坦的观点则恰恰相反。他认为正是由于物质的存在，作为容器的空间才有了意义。实际上，爱因斯坦在后来的广义相对论中提出了这个观点，并进一步指出物质的存在使空间弯曲。

每个人都有自己的时间之河

牛顿对时间也提出了与绝对空间相一致的观点。他认为时间从过去均匀地流向未来，时间的流逝在整个宇宙中都是完全相同的。这就是"绝对时间"。

时间被比喻为一条从上游（过去）流向下游（未来）的河，无论在上游、下游还是其他任何地方，河里的水的流速都是一致的，并且宇宙中存在的所有事物和生命都在这条河里。

但是现实中的河既有宽处也有窄处，河水的流速也不一定相同。而且世界上有很多条河。实际上，爱因斯坦所主张的正是每个人都有自己的时间之河。时间之河的流速或快或慢，昨天和今天的时间也不一定相同。爱因斯坦认为与空间相似，时间也不是以绝对固定的模式流逝的。

新的时空规则与动态的世界观

在牛顿力学统治的时代，绝对空间与绝对时间确保了牛顿力学在任何时间、任何空间都普遍成立。实际上，在200多年的时间里，所有观测和实验都证实牛顿力学可在极高的精度上成立。这些是爱因斯坦出现之前的情况。

牛顿力学的绝对空间与绝对时间这一稳定的框架已构建出其稳定的世界观。相反，爱因斯坦认为所有的关系都是相对的，这让人觉得就像失去了已经用惯的脚手架一样而感到不安。

但是如果我们好好想想，想想熟悉的例子，想想周围的人际关系，就会发现它们不也是"相对的"吗？我们不是常说敌人的敌人是朋友，昨天的敌人也会变成今天的朋友之类的话吗？就像我们身处其间的人际关系总处于发展变化中那样，当我们意识到时空和运动也是相对的，就会发现时空的规则变得格外简单而美妙。我们也就因此拥有了发展变化的世界观。

　　爱因斯坦留下了很多难题。在解决这些难题的过程中我们发现了什么？对，正是一个"相对的"、发展变化着的、充满了惊喜的世界。

第二章

与光同行——光速不变原理

如果我以光速追逐光波，
能不能看到独立于时间的
"绝对静止"的波场？[3]

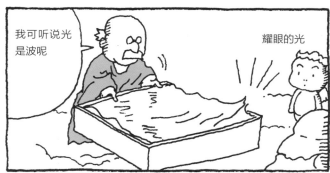

光速是有限的还是无限的

爱因斯坦留下的一个大难题是"狭义相对论"，也就是说，在接近光速的世界里会发生什么。光在日常生活中实在寻常，乃至我们都意识不到它的存在。但对爱因斯坦来说，它却是解开自然之谜的重要线索。

说来说去，光到底是什么呢？

波斯神话中有光明之神阿胡拉·马兹达和黑暗之神阿拉曼；基督教传说中有光明天使路西法和黑暗恶魔撒旦；照亮黑暗的是一束光，漆黑一片的暗又衬出光的明亮。自古以来，光明和黑暗就代表着物质世界和人类世界的两面性。

明明是每个人都很熟悉的光，却没人知道它的本质是什么，就像"月光假面"⊖一样。实际上，在长达几

⊖ 在日本 1958 年播出的特摄剧《月光假面》中，里面的英雄主人公不露出真面目，也没人知道他的身份背景，人们只将他称作"月光假面"。

个世纪的时间里，光的粒子说和波动说一直是对立存在的。而与光的本质相关联，一直引发争议的问题还有光速是有限的还是无限的。

光速因太快而难以被测量，因此认为光速无限的（光的）瞬时传播理论曾占据主导地位。但后来人们成功证明光速是有限的。

下面，让我们先理顺爱因斯坦之前的人们对光的研究历史。

测量光速的方法之一——卫星蚀法

哲学思考的时代过去后，很多研究者开始尝试测量光速。首次证明光速有限的是丹麦天文学家奥勒·罗默。1675 年，罗默充分利用木卫一的掩食现象，证明了光速的有限性。

迄今为止我们在木星的周围发现了很多卫星。但在当时，人们只知道伽利略发现的四颗——木卫一（艾奥）、木卫二（欧罗巴）、木卫三（盖尼米得）和木卫四（卡利斯托）。木星的公转面和四颗伽利略卫星的公转面与地球的公转面几乎在一个平面上。当木星的卫星绕着木星公转时，有一个隐藏在木星背面看不到的阶段，被称为"掩食"现象（与日食、月食相似）。木卫一的公转周期是 42.5 小时，掩食现象也会在同样长的周期内发生（见图 2-1）。

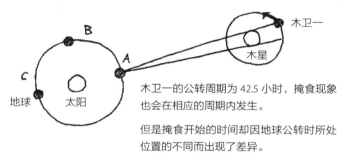

木卫一的公转周期为 42.5 小时，掩食现象也会在相应的周期内发生。

但是掩食开始的时间却因地球公转时所处位置的不同而出现了差异。

● 图 2-1 掩食的时间差异因光速的有限性而产生

然而随着观测精度的提高，（观测到的）掩食开始的时间发生了差异，而且这种差异与地球在公转时所处的位置有关（见图 2-2）。例如，当我们以 B 点的掩食为基准时，会发现当地球位于距木星最近的 A 点时，掩食会早 11 分开始（与 B 点相比）；而当地球位于距木星最远的 C 点时，掩食会晚 11 分开始（与 B 点相比）。

当时，罗默在巴黎天文台用精密的观测确认了这个

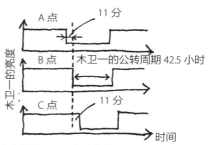

以图 2-1 中的 B 点为基准，A 点的掩食要早 11 分发生，C 点则要晚 11 分。

● 图 2-2　木卫一掩食随地球位置不同而产生的差异

时间差异的存在，并正确地推测出这一差异的出现是由于光速的有限性。也就是说，木卫一发生掩食现象的信息是由光以光速来传递的。如果光速是无限的，那么无论地球位于 A 点、B 点还是其他点，人们都会瞬间获得这一信息，掩食开始的时间就不会有差异。正因为光速是有限的，并且 A 点距离木星比 B 点近一个天文单位（日地平均距离，约为 1.5 亿千米），因此掩食出现的时间差正好是光通过一个天文单位的时间。相反，当地球位于 C 点时由于距离木星要远一个天文单位，掩食就会推后发生。这个时间差是 11 分。

事实上，由于当时计算出的地球轨道半径比现在我们所熟知的数值要小，由此计算出的光速（21 万千米 / 秒）也比实际值要小（顺便提一句，确切计算出光速的人不是罗默，是克里斯蒂安·惠更斯）。那用现在已知的地球轨道半径来计算是不是就能算出光速的精确值呢？用一天文单位除以 11 分并不能算出 30 万千米 / 秒的光速。实际上，以光速（30 万千米 / 秒）通过一天文单位的距离需要 500 秒，也就是 8.3 分而不是 11 分。罗默的测量虽然有误差，但也粗略估算出了光速的大小。

测量光速的方法之二——光行差法

此外，英国天文学家詹姆斯·布拉德雷于 1728 年利用光行差现象，以如下方法计算了光速。

地球绕太阳公转时的半径为一天文单位，周期为一年，公转速度为 30 千米 / 秒。当观测某个方向的恒星（布拉德雷观测的是天龙座 γ 星）时，如果光速为无限大，恒星就总在同一个方向，而与随地球公转而运动的观测者的运动无关。但如果光速是有限的，恒星的位置就会发生偏移，偏移的方向与观测者的运动方向相同，使恒星看起来（与原本的位置相比）位于地球运动方向的前方（见图 2-3）。这跟在雨天撑伞走路是同样的道理：不走的时候雨从正上方降下来，但如果走路或者跑步的话，雨看起来就像是从斜前方降下来的。

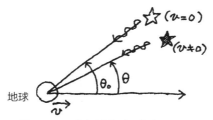

● 图 2-3 用光行差法测量光速

像这样由观测者的运动所引起的天体方向的差异叫作光行差。特别的是，由于地球公转是以一年为周期的圆周运动，在观测其光行差时，看到的恒星所在的点也在一个圆周上（准确地说，只有在与地球公转面垂直的方向上是圆，其余方向是椭圆）。这种光行差被特别命名为周年光行差。

由于地球公转速度只有光速的万分之一，因光行差而产生的角度（光行差角）便非常小，大概只有 20 角秒（1 角秒是将 1 度 60 等分，再将其中的一份 60 等分后所得到的非常小的角度）。如果能测出如此微小的角度（布拉德雷真的测出来了），再加上地球的公转速度，理论上就能推导出光速了。布拉德雷求出的值与今天的值已经非常接近了。

此外，布拉德雷发现的周年光行差还成了证明地球绕着太阳转，即日心说的决定性依据。因为一切运动都是相对的。

第一个利用天文现象之外的实验求得光速的人是阿尔芒·菲佐（1849 年）。菲佐利用放在光源前面的旋转齿轮和远处的反光镜这一组合，测量出光经镜子反射后再回来所需的时间。1850 年，莱昂·傅科也利用旋转镜测量了光速。

就这样，从 17 世纪到 19 世纪，人们用各种方法证明了光速的有限性，但即便有上限，光速依然非常大。因此，人们用拉丁语中代表速度的 celeritas 一词的首字母 c 代表光速。

光的本质——粒子说与波动说之争

那么接下来，让我们来说说光是什么。

关于光的本质，在罗默证明光速有限性的 17 世纪，存在两种相互对立的学说：牛顿的粒子说和惠更斯的波动说。由于光沿直线传播和能够反射的特性，牛顿强烈主张光的粒子说。而即使让光相互碰撞，它们也不会彼此冲突，惠更斯便以此为依据大力推崇光的波动说。此后（关于光的本质）经历了漫长的争论，时间来到了 19 世纪。在托马斯·杨进行了光的干涉实验、奥古斯丁·菲涅尔进行了光的折射实验后，实验结果为光的波动说确立了优势。终于在 1865 年，詹姆斯·克拉克·麦克斯韦将法拉第定律、安培定律等当时已经确立的各种电磁定律统一起来，完善了电磁学理论，并以此为基础逐渐迫近光的本质。

在麦克斯韦的电磁学理论中，电场和磁场的性质可以总结为四个方程，麦克斯韦方程组可用如下文字来表述：

1. 电荷的周围存在能对其他电荷产生影响的力场——电场；

2. 不存在单独的磁荷，磁极之间存在磁场；

3. 电荷的移动形成电流，电流或变化电场的周围产生磁场（安培定律）；

4. 变化的磁场能够产生电场（法拉第电磁感应定律）。

经由麦克斯韦完善的电磁学理论产生了许多前所未有的新结论，其中最重要的就是电磁波。人们发现在没有物质与电荷的情况下，当电场和磁场发生轻微的波动时，这种轻微的波动会以波的形式传播。这正是电场与磁场的波——电磁波。

令人吃惊的是，麦克斯韦方程组推导出的电磁波的传播速度，与当时人们所熟知的光速是一致的。因此麦克斯韦断定，光的本质正是电磁波。而麦克斯韦的阐释是完全正确的。

今天我们已经知道，存在着无线电波、红外线、可见光、紫外线、X 射线、γ 射线等波长不同的电磁波。将这些电磁波按波长或频率的大小顺序进行排列，这就是电磁波谱（见图 2-4）。各种各样的电磁波虽然波长（或者说频率）不同，但它们的传播速度（波长乘以频率）是一样的，都是光速。

此外，我们也知道了眼睛能看到的光（可见光）只占电磁波谱中波长从 380 纳米到 780 纳米（频率从 7.9×10^{14} 赫兹到 3.8×10^{14} 赫兹）的一小部分。即使在这样一小段区域中，我们也能将光划分成不同的色带，形成光谱。

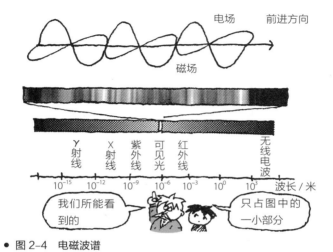

● 图 2-4 电磁波谱

没有"以太",光也能在太空中传播

现在我们知道了光的本质是电磁波,这同时也让另一个重要的真相水落石出了。那就是关于"以太"——人们想象中的光的传播介质——的真相。根据我们的日常经验,波的传播是需要介质的,就像在绳子中传递的波是以绳子为介质,海浪的传播是以水为介质那样。此外,声音能在空气、水和固体中传播,但却不能在没有介质的真空中传播。然而,遥远的星辰发出的光,穿过宇宙中的真空到达了地球，说明光在真空中是可以传播的。那么，光的传播介质到底是什么？

假想中的光的传播介质被称为"以太"。顺便提一下，在古希腊的自然哲学中，空气、土、火和水被认为是构成地上物质的四大元素，而以太则是充盈于天界的第五种元素。

19世纪末，关于以太是否存在及其性质（如果存在）一直存在争议。假如太空中充满以太，那么相对于以太来说地球就是在运动。如果光是在以太中传递的波，那么光在朝着地球运动的方向和与之相反的方向传播时，其速度看上去应该是不同的。怀着这样的想法，阿尔伯特·迈克耳孙和爱德华·莫雷希望能够通过重复精密的实验来证明光速在不同方向上是不同的，然而他们最终却未能发现这样的不同。这就是著名的迈克耳孙-莫雷实验。

然而，麦克斯韦发现的电磁波——光——并不需要传播介质。电磁波传播的时候，电场变化产生磁场，生成的磁场又变化产生电场。就这样，电场和磁场交替生成彼此。也就是说，电磁波在自我形成的同时向前移动。所以说电磁波——光——在没有介质的真空中也能传播。

就这样，长久以来被认为或许会存在，但其存在也受到质疑的光的传播介质"以太"，在麦克斯韦的电磁学理论中完全没有存在的必要。

狭义相对论诞生的前夜到来了。

一个关于"光速不变原理"的思想实验

光是在无介质的真空中以 30 万千米 / 秒的速度传播的电磁波。那光速 c 有什么特殊之处吗？

爱因斯坦在思考。

如果用光速追一枝飞出去的光之箭，光之箭看起来是怎样的呢？

这就回到了本章开头的文字，也就是爱因斯坦 16 岁时思考的问题……果然这就是天才与凡人的差别啊。一般人是不会想这些的，对不对？我自己的话，倒是常常想如果运动是万能的，如果我能像超人一样飞之类的东西，不过都是幻想啦。不过，也不是说不能做梦，只要不跟现实混淆在一起就好。总而言之，对年仅 16 岁的爱因斯坦来说，这个光之箭与其说是梦，不如说是思想实验。它在 10 年后成了狭义相对论的基石。

让我们先以熟悉的例子来思考。在高速路上，坐在时速 100 千米的汽车里，周围的景色看起来飞速往后退，旁边以相同的速度并行的汽车看起来却几乎是静止的。如果用这种日常体验来推想，以光速追光时，光看起来也会像停止了一样吗？以光速追光时，光会像以相同的速度并行的汽车那样，看起来是静止在某处的"振荡的电磁场"吗？不！！爱因斯坦的直觉否定了这一点。无论是从经验出发，还是用麦克斯韦的方程组来思考，这都是不可能的。

那看起来应该是怎样的呢？光就是光，无论在谁看来都是在以光速前进。爱因斯坦这样想。这意味着光速 c 是一个绝对的标准。爱因斯坦得出的答案就是以下这个原理："光速对每个人来说都是相同的。无论观察者的速度如何，光速永远都是 c。"这就是狭义相对论的支柱之一——"光速不变原理"。

爱因斯坦在 1905 年构思狭义相对论时，并不知道 19 世纪末的迈克耳孙 – 莫雷实验，但这个实验其实清楚地证明了光速不变原理。

此外，狭义相对论的另一个支柱是"狭义相对性原理"，即无论对完全静止的人还是正在运动的人来说，自然法则总是同样成立的（狭义相对性原理所指的运动，准确地说仅限于匀速直线运动）。这是对自伽利略以来一直存在的"自然法则对所有人同样成立"的观点的拓展。

统一时空的狭义相对论

在牛顿的世界里，绝对时间和绝对空间是一切的基石。如果光速是有限的，光速就是相对于绝对空间的速度，因此一定会随着观察者的变化（如果观察者相对于绝对空间在运动）而变化。然而，爱因斯坦放弃了绝对空间和绝对时间，反而将光速设定为"绝对"标准。

无论是在牛顿的世界还是爱因斯坦的世界里，有一点是不变的：光在时空这个容器中行进。因此，当光速成为绝对速度，作为容器的时间和空间就应该是可变的。这为时间和空间赋予了新的意义，这是爱因斯坦之前的任何人都没能做到的。关于这一点，我将从第五章开始详细论述。

光速不变原理虽然是狭义相对论的基本原理之一，但它与牛顿世界里的绝对空间和绝对时间一样，无法通过观测和实验来证明。

但是由光速不变原理和狭义相对性原理所构建出的狭义相对论却取得了很多成果、做出了许多预言，比如时间变慢、质能方程等，这些在后面的章节（第五章到第七章）中会讲到。它们都得到了观测和实验的证实。

而且，自然站在了爱因斯坦这边。

第三章

电梯的内与外——关于等效原理

坐在伯尔尼专利局的房间里，

我的脑海中突然浮现出一个想法。

人在自由落体的时候，应该感觉不到自身的重量吧？

我吃了一惊。

这个简单的想法给我留下了深刻的印象，

它让我开始思考关于重力的理论。[1]

重力的世界——作用在苹果上的力和作用在月亮上的力

可以说爱因斯坦留下的最大难题就是广义相对论，它是对支配着宇宙的引力本质的洞察。引力究竟是什么？爱因斯坦洞察到的宇宙真相究竟是怎样的？

人类的灵魂被重力束缚在地球上——这是《机动战士高达》里的名句，是旨在革新人类的夏亚·阿兹纳布尔说的。

的确，地球上的事物无论有没有生命，只要有质量就会受到地球引力的束缚。灵魂是否存在，我们不得而知。如果灵魂真的存在，我们也不知道它有没有质量。然而，爱因斯坦所确立的广义相对论认为，就算是没有质量的光，也会受到引力的作用。如果灵魂是真实存在的，那它一定也会受引力的作用。

不过，不管人类有没有灵魂，人类在思考的时候，或者计算机在计算的时候，都是需要能量的。根据后文会讲到的质能方程，能量和质量是等价的。那么原则上来说，引力不仅会对头脑、灵魂等"实体"，甚至还会对思考、计算等"过程"（process）产生影响。

高达的这句台词真是金句啊。

不光是熟了的红苹果，地球上的一切事物如果没有支撑，都会铅直向下落……这个说法稍微有点奇怪，不过最初铅直方向是指铅锤垂下去时，线所指向的方向，后来铅直方向就用来指物体自然落下去的方向。

总之，地上的物体往下落是理所当然的。那天上的月亮为什么没有掉下来？是天上和地下的自然法则不同吗？还是……当牛顿怀着这样的疑问时，万有引力定律也就快诞生了。

牛顿的万有引力定律

牛顿的万有引力定律认为，所有物体之间都存在相互吸引的力——万有引力（简称引力）。并且，两个物体的质量越大，它们之间的引力就越大（引力与两个物

体质量的乘积成正比）；物体之间的距离越近，引力越
大（引力与两个物体间距的平方成反比）。

如果用 M 和 m 代表两个物体的质量，r 代表两个
物体之间的距离，它们之间的万有引力 F 的大小就能
表示成如下公式

$$F = \frac{GMm}{r^2}$$

这里的 G 与物体的种类无关，它是适用于整个宇
宙的常量，被称为"引力常量"。牛顿的万有引力定律
毫无疑问是一个极为简便的公式。

物体之间的引力只由物体的质量和相互间的距离所
决定，而与物体的形状、颜色、气味、物体是否有生命
等各种各样的性质无关。引力与两个物体之间是否有其
他物体也无关。因此，在牛顿的绝对空间和绝对时间的
框架中，引力被认为是一种"瞬间"到达的力。从这个
意义上来说，引力是一种超距作用力。

引力就是这样一种力，一旦你知道了它，就发现
很多问题都迎刃而解了。比如说，掉在地上的苹果和挂
在天上的月亮都受到地球引力的作用。也就是说，月亮
并不是不会往下掉，它实际上一直在往地球的方向"降

落"。如果没有万有引力，月亮就不会绕着地球转了，而是会按照惯性定律沿直线往前飞（见图3-1）。

对了，在普遍存在的万有引力中，地球这样的天体所产生的万有引力常被称作"重力"。[一]

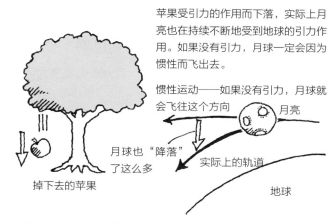

苹果受引力的作用而下落，实际上月亮也在持续不断地受到地球的引力作用。如果没有引力，月球一定会因为惯性而飞出去。

惯性运动——如果没有引力，月球就会飞往这个方向

月亮

月球也"降落"了这么多

实际上的轨道

掉下去的苹果

地球

● 图3-1 掉下去的苹果和挂在天空的月亮都受到地球引力的作用

[一] 重力和引力略有不同，地球表面物体所受重力是地球引力与离心力的合力，大小与引力近似相等。——编者注

自然界的法则与奇迹之年

我们可以看到，牛顿的万有引力定律的确对一切引力（重力）都适用，其正确性也受到了日常生活中所有观测事实的验证。事实上，如果牛顿的万有引力定律不成立，人造卫星就无法成功发射，阿波罗号也无法登月。牛顿力学是人类科技的基础之基础。

那么，为什么两个物体之间会有引力的作用？地球为什么对一切物体都具有吸引力？引力或者说重力到底是什么？

实际上，包括牛顿在内的所有人都无法回答这个根本性的问题。我们知道重力是怎样起作用的，却不知道它为什么会存在。对，重力和光正是那种"没有人知道，但是所有人都知道"的东西。事实上，没有人知道重力的本质是什么。

这一点即使在爱因斯坦构建出广义相对论之后也没有变。爱因斯坦将牛顿提出的超距作用力纳入了空间几何学的范畴。虽然牛顿的万有引力定律能正确地表述自然，但爱因斯坦提出的定律比牛顿定律的适用范围更广，并且预言了新的现象。

可是爱因斯坦也解答不了引力（重力）为什么是这个样子的疑问。虽然不知道谁制定了这样的法则，但知晓了自然运行所遵循的法则，我们就可以更加深刻地理解宇宙。而这正是爱因斯坦的目标——理解"自然之神"。

说起来，牛顿用万有引力定律将支配天地的力统一起来的时间是1666年。当时的英国因瘟疫而持续骚乱，剑桥大学也一度关闭。牛顿只得回到家中，在思考中度日。他就是在那一时期发现了万有引力定律。也是在同一时期，牛顿（与莱布尼兹各自独立地）发明了微积分，并且发表了与光有关的彩虹理论。

1666年被称为科学史上的"奇迹之年"。那一年牛顿23岁。

而"奇迹之年"又一次到来了。对，正是爱因斯坦推导出狭义相对论的1905年。当时爱因斯坦从苏黎世联邦理工学院毕业，未能在母校成为助教，而是去了瑞士伯尔尼专利局当职员。不知是幸运还是不幸，专利局的工作相当轻松，一上午的时间就能完成一天的工作。（完成了之后）爱因斯坦的下午时间就在思考中度过。这是不是跟牛顿回家后的生活有点像？也是在这一年，爱因斯坦发表了狭义相对论、光量子假说和有关布朗运动的理论（证明了原子和分子的存在），这三项无论单拎出哪一项都是现代物理学中基础性的理论。

因此，1905年也是科学史上的"奇迹之年"。爱因斯坦那年26岁。

我想了想自己二十几岁的时候做了些什么……唉，非要跟牛顿和爱因斯坦比吗？还是换个话题吧。

来试试"正在坠落的电梯"吧

回想很久以前的孩提时代，我会想起那时我虽然运动起来比别的孩子笨拙些，但也总喜欢四处蹦蹦跳跳。我还记得曾经拼命爬上假山，从上面跳下来的情景。我想每个人应该都有类似的回忆吧。

从高处跳下来的时候，会觉得身体一下子飘了起来，同时还有因为太高怕受伤而感到的不安。害怕从高处掉下来或许是从类人猿时期就拥有的恐惧本能吧。

那时真快乐啊……

其实不光是这些早已消失于迷雾中的遥远回忆，如今的日常生活中就有类似的体验。没错，就是电梯。

超过二十层的高层建筑上的电梯，加速度会相当大。上升的过程中会觉得身体好像变重了，被压向电梯底部（耳朵也会痛，不过现在不说这个）。相反，如果从二十多层往下降，会觉得身体好像变轻了一样。

那么，让我们来考虑一种极端的情况。如果在二十几层的时候，吊着电梯的绳子突然断掉，会发生什么呢……掉下去死掉？不是说这个，是把它当作"思想实验"来思考。

现在你在一个电梯（或者没有窗户的盒子）里，看不到周围的情形（见图 3-2）。

想象电梯停在地球上。静止的"盒子"同样会受到地球的重力，即使在电梯中你也一定会感受到重量（向下的重力）。另一方面，如果装载着电梯的宇宙飞船（以刚好 $1g$ 的加速度）飞向太空，此时在电梯中的你一定也能感受到重量吧。

那么，乘坐电梯的你如果只感受到重量，能否区分自己是在地球上停止的电梯里，还是在太空中加速飞行的电梯里？自己感受到的重量是来自重力还是加速运动，这两者有区别吗？如果能看到电梯外的景色，你一

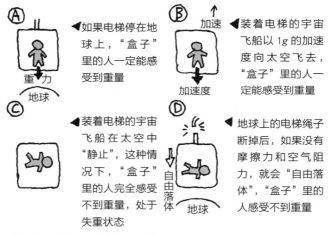

● 图 3-2　电梯下落的思想实验

定立刻就知道了。但仅仅依靠所感受到的重量是无法区分的。

那么我们再来想象与之相反的情景——装载着电梯的宇宙飞船在太空中静止。这种情况下，你完全感受不到重量，也就是处于所谓"失重状态"或者说"自由落体状态"。而如果你在地球上，吊着电梯的绳子断掉了，在摩擦力和空气阻力忽略不计的情况下，电梯也会朝着地面做自由落体运动。此时电梯中的你会和电梯一起处于自由落体的状态，完全感受不到重量。

那么电梯中的你能否只凭借"自由落体"的感觉来区别自己是在太空中静止，还是在地球上下落？这个也无法凭借本能来进行区别。

到此为止，虽然我们进行了一些思考，但都是用凭直觉就可以理解的语言。而爱因斯坦的伟大，这才要开始展现。

爱因斯坦提出，因天体的引力而产生的力和因加速而产生的力如果无法区别（无论是基于感觉还是精确的观测），那么不如把它们看成完全相同的。同样，太空中的失重状态和天体引力场中的自由落体状态，如果无法通过实验来进行区分，就可以把它们看成是完全相同的。这正是广义相对论的基础理论之一——"等效原理"的基本思想。等效原理使得用非惯性系（加速系）代替引力场成为可能。

其实爱因斯坦的狭义相对论也是同样的道理。也就是说，如果在谁看来光速都是相同的，那么不如将光速设定为不随观察者而改变的固定值。

广义相对论的另一个基础理论"广义相对性原理"认为，自然法则对所有人都是同样成立的，无论这个人处于引力场中还是加速运动中。"广义相对性原理"是对狭义相对性原理的普遍化。

广义相对论正是基于以上两个原理而构建出的理论。

在此，让我们稍微讨论一下惯性质量和引力质量。

根据牛顿运动定律，对有质量的物体施加外力就能使其加速（运动）。此时，物体质量越大越难加速。而阻止物体继续运动的时候，也是物体质量越大越难停止。像这样讨论加减速时所使用的"质量"表明了令物体运动的难易程度和惯性的大小，因此被称作"惯性质量"。

而根据牛顿的万有引力定律，物体的质量越大，受到的地球引力就越大。与引力相关的这个质量，跟惯性质量具有不同的意义，被称作"引力质量"。

运动的方式和引力本来是完全不同的东西，原本没有惯性质量和引力质量一定要相同的必然性。我们因引力而感受到的重量和因加速而感受到的重量，原本是完全不同种类的重量。然而，高精度的实验却证实了惯性质量和引力质量是相等的。因此按照等效原理的主张，惯性质量和引力质量从原理上来说是相同的，这二者的关系问题就这么漂亮地解决了（这跟用光速不变原理解决以太的问题有点类似）。

　　此外如前所述，根据等效原理，在引力场中静止的系统能感受到重量，因此等同于非惯性系而非所谓惯性系。反过来说，在施加引力的天体外围，感受不到加速度的自然状态可以看成是朝天体中心做自由落体运动的系统。然而在天体附近静止不动的系统，为了保持静止状态，只能拼命地向上加速。

　　换句话说，如果以惯性系为基准，将它转化为非惯性系，再用引力场代替非惯性系，或者反向操作——只要重复这些操作，就能分析所有方式的运动。自由落体原本指在引力场中下落，现在太空中的失重状态也被称作自由落体。

　　不对，如果进一步往前追溯，"自由落体"这个词最早出现在科幻小说中，它最早是美国科幻小说黄金时代的作家罗伯特·海因莱因所使用的。

光也在"自由落体"

　　用等效原理立刻就能证明光在引力场中会弯曲。

　　让我们再次想象那台电梯（见图3-3）。首先，这

在太空中加速行进的电梯里水平射入一束光。光对电梯外侧而言是沿直线前进的。

而电梯内的观察者看到的光线是弯曲的。

● 图 3-3　光在非惯性系中弯曲

台电梯在周围什么都没有的太空中正在加速运行，从电梯侧面的洞口中水平射入一束光。光对电梯外侧太空中的观察者来说是沿着水平方向做直线运动的，这一点显而易见。

那么，如果从电梯里面观察这束光，会看到怎样的情形呢？光沿水平方向运动的同时，电梯在加速向上运动，结果，对电梯里的观察者来说，光看起来就是向下弯曲的。

如果电梯不是做加速运动，而是在做匀速直线运动，那么光看起来就是在与水平方向呈一定角度的方向上沿直线运动。这跟讨论光行差时的情形差不多。不过当电梯加速运动时，单位时间内移动的距离逐渐变大，光的轨迹就不再是直线而是向下弯的曲线。

现在让我们回到等效原理。如前所述，等效原理认为天体周围的引力场与非惯性系没有根本上的区别。没有区别的意思是二者的很多现象是完全相同的。也就是说，如果光在非惯性系中会弯曲，那么在引力场中也一定会弯曲。这就是爱因斯坦给出的答案。

这么看来，等效原理与光速不变原理一样，就某种意义而言只是思维上的转换。但只要承认等效原理，我们就能轻易地得出光在引力场中会弯曲的结论，并进而推导出广义相对论中那些（乍看觉得）不可思议的现象。

统一物质与时空的广义相对论

自牛顿用万有引力定律"统一了天地"后，万有引力定律就成了金科玉律。

牛顿的定律（法则）构建于绝对空间与绝对时间之上。也就是说，为了使物质存在而充当容器的空间和作为物质变化方向的时间的流动，是万物所共有的恒定的东西。

但是，爱因斯坦用狭义相对论推导出时间和空间是灵活可变的，他还进一步将时间和空间统一为"时空"。时间和空间不再是绝对的，牛顿定律的支柱开始动摇。

只是，虽然牛顿运动定律被纳入了狭义相对论的框架中，万有引力定律却是另外一回事。万有引力定律能在极高的精度上反映出真实的世界，几乎是一个完美的理论（法则）。

爱因斯坦通过使时间和空间更具灵活性而统一了时空，并结合万有引力定律推导出一个关于时空和引力的更加正确的理论——广义相对论。

广义相对论将时空变成有弹性的——时空能够与质量相互作用而弯曲。

也就是说物质的存在（即质量）令时空弯曲，而万有引力是时空变形的表现。广义相对论是关于弯曲时空的几何学，它将时空和质量最终统一了起来。

与狭义相对论相同，广义相对论也预言了很多事件，比如光的弯曲、黑洞和宇宙大爆炸，我将在第七章到第十章对这些内容进行详细论述，它们都已得到观测和实验的证实。

自然再次青睐了爱因斯坦。

第四章

我们为什么能看到星星
——光量子假说

量子力学值得许多尊重。

但内心的声音告诉我，

它还不是正确的理论。

这个理论是说了很多，

却未能让我们更加接近上帝的秘密。

无论如何，我相信上帝不会掷骰子。[1]

发生在离散世界里的神奇现象

爱因斯坦的狭义相对论指出，当速度接近光速时，时空会发生转变，产生与常识大相径庭的现象。而广义相对论进一步指出，当引力非常大时，时空会发生显著的弯曲，产生难以用常理忖度的现象。

爱因斯坦取得巨大成就的另一个领域是"微观世界"。

微观世界有别于我们所在的宏观世界的第一个特征就是"事物的发生不具有确定性，而具有概率性"。从狭义相对论和广义相对论认为事物的发生具有确定性来看，二者皆属经典物理学的理论。

让我们先以熟悉的情景为例来思考。假如同在一层楼工作的同事工位上的电话响了。刚才他还在工作，没注意到什么时候出去的。这时既不是午休时间，也没有会议安排。他肯定就在楼里，不是去上厕所，就是去休

息区喝茶了。拿起电话稍加思考后你大概会对打来电话
的人说"抱歉，他现在不在工位，请问您有什么事"之
类的话。虽说此时同事的位置并不能百分百确定，但你
知道他不是在厕所就是在休息区。这实在太理所当然
了，甚至都不用想。你绝对不会想同事会不会半边身体
在厕所，半边身体在休息区，对吧？这是常识，是从古
至今的常识。但在所谓量子力学支配下的微观世界里，
这个常识却不成立（见图 4-1）。

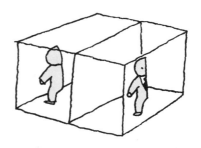

在厕所的概率是 1/2，在休息区
的概率也是 1/2，一定就在其中
的某处吧……

● 图 4-1　同事在公司的厕所或是休息区

让我们来看看由质子和电子构成的氢原子。经典力学所描绘的图景是电子绕着质子旋转，电子在某个时刻的位置是确定的，这从原理上是说得通的。而如果用量子力学来描绘，则原则上是不可能确定电子的位置的。我们只能知道电子出现在某处的概率有多大。电子在不同的位置出现的概率（可能性）是不同的（电子不是固定在某个位置上的点粒子）。电子的图像变成了围绕着氢原子核的"概率云"。

事物由概率决定这个性质让爱因斯坦觉得非常不舒服。他认为看似具有概率性的表象之下或许隐藏着一些变量，使得实际上是确定的。爱因斯坦终生反对量子力学的概率性的世界观。本章开头爱因斯坦的那句名言"上帝不会掷骰子"指的就是这个。（不过，我觉得从某种意义上来说，人际关系也不外乎若干巧合的堆叠。）

作为量子力学的思想基础，事物是概率的这一点总是被强调。微观世界还有一个重要的特征——事物和现象不是连续的，而是离散的。

在这里，"离散"是指像自然数那样每两个数字之间有间隔；而"连续"是指像实数那样任一间隔都能被无限分割。

　　让我们再次以身边的例子来思考（见图 4-2）。像人还有苹果我们能一个两个地数出来，不存在 0.3 个人的说法。当然，在计算平均数时会有"四个班的平均人数是 38.5 人"这种说法，但"3 班的半个洋子"这种说法是没有意义的（你可能会想，半个苹果是可以切出来的，不过我们先不说这个）。这就是离散现象。但如果是计量日本清酒，自古以来的计量方法是一合两合地量，此时 0.5 合、0.3 合都是有意义的。而且原则上来说无论多小的量都是可以量出来的。液体的量（在经典观念中）就是一种连续的现象。

　　以前，人们认为液体、固体之类的物质都是可以无

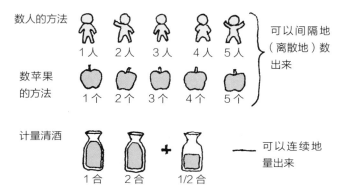

● 图 4-2　离散和连续

限分割的。然而随着分子、原子、夸克等微观粒子的发现，我们知道了对物质而言存在着一个最小单位。所以对于清酒，当我们分得足够细，小到酒精分子的时候，再往下分就没有意义了吧。即便如此，在经典力学中，酒精分子的位置、运动速度和能量等物理量的值被认为是连续的。但是量子力学将这些都否定了。在微观世界中，甚至粒子的位置、能量都不是连续的，只能取离散的值。

在微观世界里，一切事物和现象都是离散的——正是爱因斯坦为这个结论的确立做出了重要的贡献。

数码相机的原理与光电效应

数码相机和智能手机上的相机能像今天这么普及，很大程度上得益于以 CCD（电荷耦合器件）和 CMOS（互补金属氧化物半导体）为代表的固态成像器件的发展。来自被摄物体的光线被数码相机或者手机相机的镜头汇聚到焦点，照射到放在那里的固态成像器件。固态成像器件探测到被摄物体的光线后，将其强弱、色彩等信息转换成电信号。这些信息被写入半导体存储器，之后可以回放。

数码相机的原理实际上可以追溯到 19 世纪。

起初人们发现，光照在金属表面时会有电子逸出，这种现象被称为"光电效应"。19 世纪末，菲利普·莱纳德等人对这一现象进行了详细的研究（见图 4-3）。金属中存在很多电子，当强光照上去时，吸收了光能的电子会飞出去，这本身并不稀奇，有点像打台球时的情形：入射的光线撞击到电子后，电子被撞飞了。数码相机就是利用了光电效应。

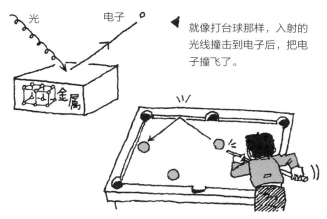

就像打台球那样，入射的光线撞击到电子后，把电子撞飞了。

● 图 4-3　光电效应

虽然光电效应能解释为何电子会逸出，但电子的逸出方式体现了什么性质却令研究者不解。比如，将一小块金属钠分别暴露在发出紫光和红光的石英灯下，结果不管紫灯的光线有多弱，（钠）都能释放出电子；而不管红灯的光线有多强，电子都无法逸出。

光电效应的这个性质，用物理量（在这个例子里是光能）是连续的这一经典描述是绝对无法解释的。而爱因斯坦用"光量子"——也就是如今的"光子"——这个概念完美地解释了这个性质。

马克斯·普朗克假定光从原子中释放出来的时候是能量块的形式，能量大小与光的频率成正比。这就意味着频率高的紫光能量大，而频率低的红光能量小。为了解释他自己推导出的黑体辐射公式——普朗克公式，普朗克只能假定光的能量是离散的，但他自始至终并不认为光的本质就是能量块。

爱因斯坦大大地推进了这个假说。他主张光实际上就是具有离散能量的块——光量子，光量子在空间中传播。很早就理解了爱因斯坦的相对论，甚至原本就提出了对光能的假说的普朗克，一开始却反对爱因斯坦提出的光量子假说，可见这个想法在当时多么具有革新性。

说起来，量子（quantum）就是爱因斯坦新造的词。

可一旦接受了光量子的概念，此前的光电效应之谜就迎刃而解了。

照到金属上的光，若要将金属表面的电子释放出来，得先达到所需的最小能量。

在经典的描述中，光是波动的，因而其所具有的能量是连续的。即便是红外线这样低能量的光，只要照射时间足够长，所积累的能量就能让电子逸出。但如果光具有粒子性，是以具备离散能量的光量子的形式起作用，那么能量低的红光无论照多久，也无法使电子接收到足够的能量，因而无法释放出电子。这正是实验中红光无法令电子逸出的原因。也就是说，像紫外线或紫光这样高能量的光能令电子逸出，而像红外线或红光那样低能量的光无论多少都无法令电子逸出。

曾经，牛顿认为光是一种粒子，而惠更斯认为光是一种波。19世纪，麦克斯韦的电磁学似乎已经确立了光的波动说；1905年的光量子假说却让光的粒子说再一次成为焦点。对光的描述就是这样摇摆不定。今天，人们认为光兼具在经典的观点中相互矛盾的粒子性与波动性。而光的波粒二象性正是量子力学得出的结论。

我们为什么能看到夜空中闪亮的星星

说到光电效应，由于它是在实验室中发现的，你可能会觉得这是一种特殊现象，但实际上它在日常生活中也很常见。前面所举的数码相机就是其中一例。

此外，"晒伤"也可以作为一个例子。暴露在夏日的骄阳下，我们很容易就会被晒伤；而如果是普通日光灯或暖炉，无论多长时间也不会引起晒伤。这正是量子的效应（见图4-4）。

在光能较低的暖炉前，无论多长时间也不会晒伤。

紫外线引起的晒伤就是发生在人类身上的光电效应！要好好保护皮肤，千万不要晒过头……

● 图4-4 "晒伤"也是日常生活中关于光电效应的例子

晒伤是指紫外线照射皮肤时，皮肤由于发生光化学反应而产生的急性损伤反应。与光电效应相同，只有当光的能量超过了一定值，皮肤才能发生光化学反应。光能较低的暖炉无论多热也不会引起晒伤，而被光能较高的紫外线（紫外线灯）照一小会儿就能引起晒伤。这正是"人类版"的光电效应。

晒伤是日晒的一种，还有一种是晒黑。波长较长的紫外线 A（波长介于 320 纳米与 400 纳米之间的长波紫外线）产生的光化学反应没那么强，会让人晒出小麦色或者褐色的健康肤色，这种被称为晒黑。而波长较短的紫外线 B（波长介于 280 纳米与 320 纳米之间的中波紫外线）产生的光化学反应较强，能令皮肤发红起水泡，这种就是晒伤。晒伤对身体有害，所以晒太阳的时候要好好保护皮肤。

另外一个身边的例子就是"肉眼能看到星星"。

不光是星星，我们是怎么识别光和颜色的呢？

照到眼睛里的光首先到达视网膜的视细胞（感光细胞），在视细胞中发生光化学反应。然后，光化学反应产生的化学物质刺激视神经，产生的电信号通过视神经从眼睛传到大脑。接下来，大脑的视觉中枢处理这些信号（与从以往经验中学到的内容相比较），从中感知到物体的形状、亮度和颜色。

关键在于这个过程的最初阶段。要在视细胞中引起光化学反应，接收到的光需要达到最低限度的能量。星星的光到达地球时非常微弱，如果光能是连续的，那么只要看的时间足够长，所积累的能量就能引起光化学反应。但事实上，对于低能量的光，无论看多久，我们的肉眼都看不到（能量太高的光我们也看不到，这是因为人眼的视细胞只对特定波长范围内的光敏感，这个范围大致对应于可见光谱）。另外，如果光能是连续的，我们就要很长时间才能看到星星，但实际上一瞬间就看到了。当然，适应黑暗环境的时间还是需要的。当你的眼睛适应了黑暗，一眨眼的时间就能看到星星。

这正是光不具有连续性的证据，它以量子、能量块的形式从遥远宇宙的另一边飞到我们眼中。如果光不是量子的，我们人类就无法感知到星光了吧。

爱因斯坦因光量子假说获得了 1921 年的诺贝尔物理学奖。

爱因斯坦的否定

爱因斯坦终生坚持反对量子力学的立场——尽管他自己为该理论的构建做出了很大的贡献。我在本章开头引用的那句"上帝不会掷骰子"就明确地表示了这一点。

虽然爱因斯坦否定量子力学，但他并不是单纯的否定，而是"建设性的否定"。

世界上不乏否定一切的人。实际上，说这个不行、那个不可以是很简单的事。但这样为了否定而否定对解决问题没有任何益处。这种是"破坏性的否定"。

而爱因斯坦是在一直指出量子力学的问题：它为什么不好，哪里不好等。他一个一个地提出具体的疑问点，令哥本哈根学派的先生们，也就是量子力学的领头人尼尔斯·玻尔等人头痛不已。他们绞尽脑汁回答爱因斯坦提出的问题。爱因斯坦的问题与玻尔的回答对量子力学的发展来说是一场成果颇丰的辩论，是物理学史上的一段佳话。这就是"建设性的否定"。除了学问，我们也能从爱因斯坦等人在面对争论时的态度中学到很多。

不过，量子力学和相对论至今还未完全结合在一起。

确切地说，量子力学只能跟狭义相对论统一起来。由于光子总是以光速运动，其原本就是相对论性粒子，并且电子也能借由狄拉克方程处理为相对论性粒子。也就是说，对于运动速度接近光速的电子，（狭义）相对论量子力学是成立的。

但量子力学无法与广义相对论统一起来。也就是说，在强引力场中的量子力学——量子引力至今尚未完成。相对论量子力学被构建完成已有近一个世纪，而量子引力至今仍是天大的难题。

第五章

时间与空间的统一——时空图

成年人通常不会费心思考时空问题。

他们认为所有需要思考的东西，

在孩提时代已经都思考过了。

我的情况刚好相反。

由于我的成长速度太慢，

长大之后我才意识到时间和空间的奇妙。

结果，与普通人相比，

我对这些问题进行了更加深入的思考。[1]

惯性系与四维时空

从第二章到第四章，我们大致介绍了爱因斯坦的三个主要成就：狭义相对论、广义相对论和光量子假说。本章开始，让我们来更加细致地思考狭义相对论和广义相对论。首先，相对论中的时空框架是什么样的？

无论人、车还是宇宙飞船，现实中的物体总会受到重力、摩擦力、火箭喷射所产生的反作用力等各种各样的力的作用。如果不存在任何这样的外力，物体就会静止或保持匀速直线运动状态（静止其实就是速度为零的匀速直线运动，因此广义上来说匀速直线运动也包括静止）。这样的说法，我相信很多人都或多或少听过。

如果把不受外力作用的系统一个一个都叫作"不受外力作用而保持匀速直线运动状态的系统"，那就太麻烦了，所以人们习惯上将之简称为"惯性系"。匀速直线运动可以是任意速度、任意方向的，因此存在无数的惯性系。惯性系不受外力作用，因此是失重的。

爱因斯坦的狭义相对论就是只考虑了惯性系的理论，这就是为什么它前面有"狭义"两个字（当然，并不是最初就有这两个字的，是后人为了跟"广义相对论"区分开来而加上去的）。而受重力等外力作用的系统被称为"非惯性系"，将非惯性系也一并考虑进去的理论就是广义相对论。

说起来，除了观察者所在的惯性系，被观察对象所在的惯性系也同时存在的时候，运动这个概念才能够成立。比如，我们能够观察到对方所在惯性系相对于自身所在惯性系的运动速度和运动方向。如果只有自己孤零零地存在于空无一物的空间里，由于缺乏参考对象，就无法知道自己是以怎样的速度在朝着什么方向运动。不，如果没有参考对象，甚至连自己是静止的还是运动的都无法准确地知晓。所谓运动，说到底是一个"相对"的概念。

那么，物体存在并运动于其间的"容器"就是"空间"，记录物体"方向"变化的就是"时间"；物体在空间中运动时，其自由度（方向）与空间的维度相对应。比如在高速公路上局限于曲线（或直线）的运动只有一个自由度，因此是一维的；而在地球表面上局限于曲面（或平面）的运动则是二维的。实际上，我们生活于其间的是一个在长、宽、高三个方向都拥有自由度的三维空间。

此外，时间只有从过去到未来这一个方向，因此从这个意义上来说也可以将时间看作一维的。

爱因斯坦出现之前，时间和空间被看作迥异的实体。然而，根据爱因斯坦推导出的光速不变原理，一眼看上去性质完全不同的一维时间与三维空间实际上并不是相互独立的，而可以被看作一个完整的实体。这个实体被称为"四维时空"或者"时空连续体"。四维这个词听起来或许很科幻，但实际上爱因斯坦统一起来的四维时空是一个确切的物理概念，是像时间和空间那样确定无疑地存在的实体。

描述物体在时空中运动的方法

描述物体在空间内随时间变化的运动，通常是将空间固定起来，将之表示为空间中的运动。而相对论把时间和空间合为时空，从这个角度出发，如果用普通的方法来表示运动则不但困难，而且容易导致混乱。但如果用"时空图"将时间坐标以空间的形式表现出来，就能直观地表现物体的运动。

真实的空间是三维的，再加上一维的时间，我们很难用图表现出来。时空图通常用减少空间维度的方法来表现。比如横轴表示距离 x，纵轴表示时间 t；或者在水平方向设定 x 轴和 y 轴，竖直方向设 t 轴（见图 5-1）。时间轴（t 轴）一定是纵轴（竖直方向），下方代表过去，上方代表未来。将纵轴取为时间轴，水平方向上的 x 轴和 y 轴取为空间轴的时候，也能得到对称的美丽图像。或许是因为自始至终被重力束缚在地球上，人们才认为竖直方向是特殊的吧。接下来让我们详细说说怎么用横轴代表一维空间，纵轴代表时间（上方代表未来）的时空图来表示物体的运动（见图 5-1A）。对静止的物体而言，空间坐标 x 的值不变，只有时间会变。那么静止物体在时空图中的轨迹就是竖直方向上从过去到未来的一条直线。匀速直线运动的物体的轨迹就是一条倾斜的直线，速度越大，倾斜的方向越接近水平方向。

现在，让我们再用水平方向代表二维空间的时空图来表示一下围绕着太阳的行星的运动（见图 5–1B）。假设太阳在中心静止不动，太阳的轨迹就是沿时间轴竖直向上的直线。而在空间内做圆周运动的行星的轨迹，就会随着时间的推移而向上（朝向未来）拉伸，成为螺旋状。

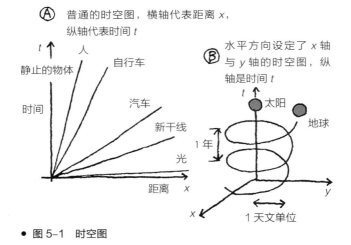

Ⓐ 普通的时空图，横轴代表距离 x，纵轴代表时间 t

静止的物体
人
自行车
汽车
新干线
光
时间
距离 x

Ⓑ 水平方向设定了 x 轴与 y 轴的时空图，纵轴是时间 t

太阳
地球
1 年
y
x
1 天文单位

● 图 5–1　时空图

闵可夫斯基图与世界线

　　光在真空中的速度是 30 万千米 / 秒。无线电、X 射线、可见光——所有电磁波的传播速度都是光速。光

速 c 是一个非常特别的物理量，在相对论中我们常常以光速为基准来思考很多事物。实际上，相对论所使用的并非普通的时空图，而是以光速为基准的特殊时空图，叫作"闵可夫斯基图"。

闵可夫斯基图与一般时空图最大的不同在于对时间轴和空间轴单位的选取——时间轴相对于空间轴被进行了很大程度的拉伸（也可以说将空间轴进行了很大程度的压缩）。让我们来更加具体地说明。

对于一般的时空图，如果空间轴以米或千米为单位，时间轴就以秒或小时为单位，也就是说，以生活中常见的单位来设定轴的单位。如果选取这样的单位，普通时空图中光的轨迹就会是一条接近水平的直线。

而在闵可夫斯基图（见图 5-2）中，如果时间轴上的一个刻度代表 1 秒，空间轴上的一个刻度就代表 1 光秒（1 光秒就是光在 1 秒中前进的距离，即 30 万千米）。或者像图中这样，空间轴以光年为单位，而时间轴以年为单位。这样一来，由于光 1 年前进 1 光年（定义如此），光在闵可夫斯基图上的轨迹就成了倾角为 45°的直线。换句话说，闵可夫斯基图就是通过适当地选取单位，使光的轨迹成为倾角为 45° 的直线的时空图。

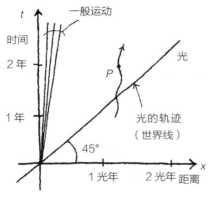

闵可夫斯基图就是通过适当地选取单位，使光的轨迹成为倾角为 45° 的直线的时空图！

● 图 5-2　闵可夫斯基图

　　这样选取单位的原因是，相对论是以光速为基准来思考各种各样的运动的。如果将开车等日常生活中的一般运动在闵可夫斯基图上表示出来，由于它们的速度与光速相比非常之小，得出的就会是几乎贴着时间轴的直线或曲线，会很不方便看。

　　惯性系中的物体或事件在闵可夫斯基图上的轨迹被称为"世界线"。倾角为 45° 的光的世界线通常被叫作"光锥"。这是因为在水平方向是二维空间（x 轴和 y

轴）的闵可夫斯基图上，光是在与时间轴成 45° 角的方向，也就是半顶角为 45° 的圆锥面上传播。

如何在这样的闵可夫斯基图中表现各种各样的运动呢？首先假设自己在原点（见图 5-2）。

如果自己在 x 轴上保持静止，在时间轴上就是从过去移动到未来，表示为垂直于 x 轴的一条直线。与其他在 x 轴上静止的惯性系相同。

如果自己在朝着 x 轴的正方向做匀速直线运动，自己的轨迹就可以表示为经过原点向右稍微倾斜的直线。其他做匀速直线运动的惯性系也可以表示为稍微倾斜于竖直方向的直线。而光的轨迹如前所述，可表示为倾角为 45° 的直线。不做匀速直线运动的非惯性系的轨迹可以表示为 P 这样的曲线。

由于一切物体的速度都不超过光速，其世界线倾角就不小于 45°，因而物体（除光以外）的世界线一定位于光锥内部（见图 5-3）。

闵可夫斯基图最早是由赫尔曼·闵可夫斯基（他曾在苏黎世联邦理工学院教授爱因斯坦的理论）于 1907 年引入的，它的出现大大地降低了表现相对论的难度（虽然原型中使用了虚数，但本质是一样的）。也就是

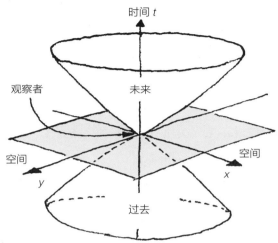

● 图 5-3 光锥的概念图

说，虽然爱因斯坦在 1905 年创立了相对论并将时间和空间统一为时空，但对很多人来说，并不能一下子转过弯来接受这个理论。因为空间和时间无论是在相对论出现之前还是之后，在过去还是现在，看起来总是那么不同。

然而闵可夫斯基图将时间像空间一样来表示。我们在表示三维空间的时候会使用 x 轴、y 轴和 z 轴，而闵可夫斯基图中的时间轴看上去就像是有点特别的 z 轴。空间内物体的运动随时间变化的现象被世界线这一直观的图像表示了出来。并且，意义特殊的光被规定为用半顶角为 45° 的光锥这种特别的图形来表示。

闵可夫斯基图将隐藏在公式背后的晦涩理论——相对论，用诉诸视觉的图像表现出来，大大地降低了理解这一深奥理论的门槛，具有划时代的意义。

第六章

浦岛效应——同时性与时间变慢

过去、现在和未来之间的区别，

无论怎么强调，

都只是幻想而已。[2]

转换一下思维就能改变常识

　　"任谁看到的光速都是一样的"（光速不变原理）与
"自然法则对谁都同样成立"（狭义相对性原理），在建
立于这两个原理之上的狭义相对论的世界里，存在着日
常生活中无法想象的神奇现象。其中不乏时间变慢、质
量与能量等价等从前的物理学压根无法解释的现象。如
果不愿舍弃旧有的常识，我们甚至会觉得有些现象是难
以接受的。

　　可如果我们先抛下常识，转换一下思考方式，就会
发现有些现象看似不可思议，其实只是思考与理解事物
的方式变了而已。换句话说，时间变慢也好，空间弯曲也
好，并没有那么不可理解。因为当光速不变原理成为准则
后，作为容器的时间和空间反而成了相对的，仅此而已。

　　让我们以"同时"为例，来重新探讨一下这个
概念。

"同时"是怎么一回事

日常生活中，尤其是在与时间赛跑的现代社会中，想必我们常常会说"同时做……事"。比如恋人间如果约好 5 点在咖啡馆见面，就会一边看手表，一边注意着以便在"同一时间"到达咖啡馆。如果看着表按时过去却迟到了，那一定是表坏了。

或者让我们来想象一下观看温布尔顿网球比赛现场直播的情形。英国是大白天，日本却是半夜，这是因为两个国家之间有时差。但是，一想到可以"实时"观看比赛（忽略卫星转播的微小时间差），我们就很兴奋。这都是"常识"。

此外，为了知道远方的现象是不是"同时"发生的，就要切实地用眼睛确认或者用无线电等进行联络，也就是说要用到光。由于光速非常之大，人们通常会觉得光瞬间就到了。在日常生活中，我们一般用眼睛就能判断事情是不是"同时"发生的。

用光来观测远方发生的现象——无论距离我们多少光年——也是同样的道理。比如对"1987 年在大麦哲伦云中发生了超新星爆发"这样的说法，稍一考虑就会觉得有点奇怪。这是因为大麦哲伦云距离太阳系约 16 万光年，真正的超新星爆发是在约 16 万年前发生的。爆发的光以光速从遥远的太空传来，1987 年才被观测到。也就是说，由于光速是有限的，对于非常遥远的地方所发生的现象，就一定要考虑光传播所需的时间。考虑到这一点之后，我们就会明白超新星爆发是在 16 万年前的某个时刻（爆发的光还未到达地球）发生的。

这种说法乍看之下是理所当然的。可如果观测者在高速运动，神奇的事情就发生了，理所当然的事情不再理所当然！

那么，接下来让我们用闵可夫斯基图来思考一下"同时"这种现象。

是同时，又不是同时

让我们以地球为原点，在沿 x 轴负方向 1 光年远处设置观测基地 A，正方向 1 光年远处设置观测基地 B。地球、基地 A 和基地 B 在空间中都是静止的。因此，它们在闵可夫斯基图上的世界线就是竖直的直线（虽然我们也可以比较 4.4 光年远处的半人马座 α 星和 8.6 光年远处的天狼星，但简单起见，还是设置想象中的观测基地吧）。

首先，观测基地 A 和 B 在午夜 0 时 0 分 0 秒分别向地球发送信号（见图 6-1A）。由于无线电波是以光速在行进，刚好 1 年后，地球能"同时"接收到来自 A、B 两点的信号。由于 A、B 两点与地球的间距刚好相等，地球上的人可以判断 A 点和 B 点是在 1 年前的"同一时刻"发送的无线电波。如果接收到 A 点的信号比接收到 B 点的信号要晚，那么人们就会判断二者不是"同时"发送，而是 A 点的信号发送得较晚（见图 6-1B）。

但在这个假设的最开始，如果观测基地 A 和 B 的时间不一样就很麻烦。所以为了论证的严密性，只需再加一步，把调整时间的过程也包含进去就行。也就是说，首先从地球向 A、B 两个观测基地发送同步信号，1 年后这个同步信号就可到达 A、B 两点，两个基地将时间调整为同步。A、B 两点在收到信号的瞬间就向地球发送信号（见图 6-1C、D）。

这样就完美了。不过，我们好像在理所当然的事情上浪费了太多笔墨。

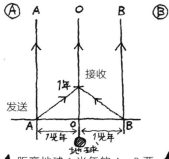

▲ 距离地球 1 光年的 A、B 两个观测基地向地球发送的信号，1 年后"同时"被地球接收到。

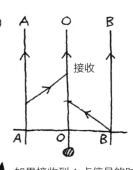

▲ 如果接收到 A 点信号的时间更晚，那就说明两地的信号不是"同时"发送，而是 A 点的发送时间更晚。

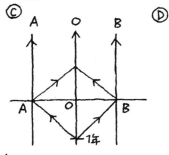

▲ 为了将两地的时间调整为同步，首先由地球向 A、B 两个基地发送同步信号，1 年后同步信号到达两地。这样两地的时间调整为同步，两地在收到信号的瞬间向地球发送信号。

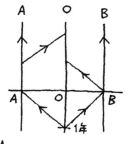

▲ 如果两地的时间同步后，地球还是更晚收到 A 地的信号，那么 A、B 两地的信号就不是"同时"发送的。

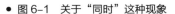

● 图 6-1　关于"同时"这种现象

那么这回让我们在地球与观测基地 A、B 之外，再加上一艘以 0.6 倍光速从地球飞往观测基地 B 的宇宙飞船 S（见图 6-2）。宇宙飞船的速度具体是多少并不重要，选取 0.6 倍光速是为了方便后面的计算，让我们就这么决定吧。

在地球向 A、B 两点发送同步信号时，高速宇宙飞船就已达到 0.6 倍光速的巡航速度，并且因为就在地球跟前而瞬间接收到了地球发送的同步信号。也就是说，宇宙飞船上的时间和地球时间同步了。

此后，地球"同时"收到 A 点（在收到地球发送的同步信号后）发回的信号和 B 点发回的信号，这一点与之前相同。

然而，很快我们就会想到，在地球发出的同步信号与观测基地传回的信号以光速在太空中全力行进的同时，宇宙飞船 S 也在高速向 B 点运动。因此，A 点发出的信号要比 B 点发出的信号经过更长的距离才能到达宇宙飞船，即来自 B 点的信号比自 A 点的信号更"早"到达宇宙飞船。

如果用地球上的时间来进行准确的计算，地球接收到信号的时间是 2 年后，而以 0.6 倍光速飞行的宇宙飞

以 0.6 倍光速飞行的宇宙飞船分别于 1.25 年后和 5 年后接收到来自 B 点和 A 点的信号。但地球却是在 2 年后"同时"接收到来自 A 点和 B 点的信号的。

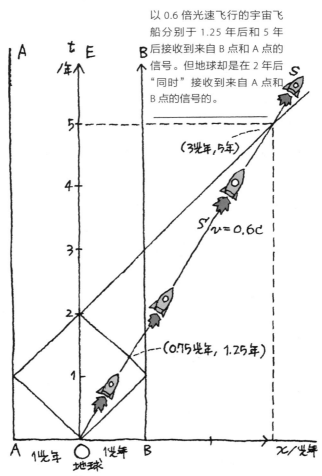

● 图 6-2 同时性的相对性

船接收到来自 B 点的信号与来自 A 点的信号的时间分别是 1.25 年后和 5 年后（实际上在这个例子中，飞船在接收到来自 A 点的信号时，早已飞到超过 B 点很远的位置了）。

结果，对地球而言"同时"发生的现象，对高速飞行的宇宙飞船而言却不是"同时"的！反过来说也一样：对高速宇宙飞船而言"同时"发生的现象，对地球而言可能也不是"同时"的。之所以发生这种现象是因为光速是有限的，并且光速在谁看来都是相同的。

因此，两个事件是否同时发生由于观察者（惯性系）的不同而变成了相对的。这在狭义相对论里被称为"同时性的相对性"。按照我们从前的常识，与现在"同时"的地点都是现在。可如果同时这个概念具有相对性，"现在"也会变得因人而异。是的，当"同时"变成了相对的，过去、现在和未来的区别也具有了相对性。

以光子钟解时间变慢之谜

在以接近光速飞行的宇宙飞船里，时间的流逝比地球上的时间要慢，这种在高速运动下时间变慢的现象在日本被称为"浦岛效应"[一]。

高速飞行的宇宙飞船里的时间会变慢，这种说法听起来非常不可思议，你或许会认为这很难解释清楚。但如果借助于"光子钟"这个工具，我们就会明白这并没有那么抽象，就会明白为什么会有这样的说法。

起初，人们通过统计（规律的）周期性现象反复发生的次数来计时。这种周期性的现象就是广义上的钟表。比如挂钟就是利用钟摆的周期运动，将地球的自转定为 1 天，地球的公转定为 1 年。石英表则是利用石英晶体的振动来计时。

用同样的方式来说明的话，光子钟就是以光为"钟摆"来计时。它的构造极其简单：发光部位（也是受光

[一] 以日本神话传说中浦岛太郎的名字命名。浦岛太郎是一个渔夫，因救了神龟而被带到海底龙宫，并得到龙女的款待。临别之时，龙女赠送他一个玉匣，并告诫不可以打开它。浦岛太郎回家后，发现认识的人都不在了。他打开玉匣，里面喷出白烟使浦岛太郎变成老翁。原来在龙宫只过了几天，而地上却度过了几百年。

部位）与镜子相对，向镜子发送激光束，镜子反射出的激光束又回到受光部位并被探测到，这个过程被计为光的"钟摆"振动了一回。受光部位也可以换成镜子，这样激光束就像时钟的钟摆一样，在两面镜子之间来来回回。

光子钟的长度虽然没什么影响，但简便起见让我们把它定为15万千米，即0.5光秒（我不想讨论怎么把15万千米长的东西放进宇宙飞船这种问题，让我们就在头脑中设想吧，这就是所谓的"思想实验"）。这样，一个来回的长度就是30万千米（1光秒），光在其间一个来回刚好用时1秒钟。如果你无论如何也想象不出15万千米长的钟表，那么就设想一个相对"真实的"15厘米长的纳秒光子钟。在15厘米（0.5光纳秒）长的纳秒光子钟里，光一个来回刚好需要1纳秒——10亿分之一秒的时间。

现在让我们想象一下把这个半光秒长的光子钟放在高速飞行的宇宙飞船的内与外。在宇宙飞船之外（比如地球上）观察宇宙飞船之外的光子钟，光信号的一个来回需要1秒钟。同样地，在飞行的宇宙飞船之内观察宇宙飞船之内的光子钟，光信号的一个来回必然也是1秒钟（见图 6-3）。这是因为无论是在飞船的内或外，物理法则并不会改变，这一点很显然，尚未超出"常识"范围。

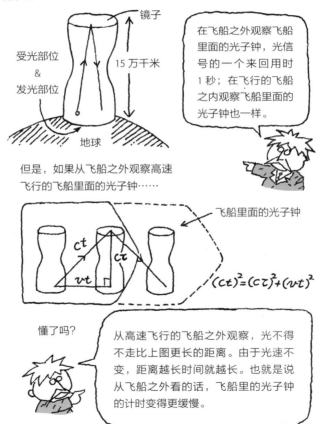

镜子

受光部位
&
发光部位

15 万千米

地球

在飞船之外观察飞船里面的光子钟，光信号的一个来回用时 1 秒；在飞行的飞船之内观察飞船里面的光子钟也一样。

但是，如果从飞船之外观察高速飞行的飞船里面的光子钟……

飞船里面的光子钟

ct

$c\tau$

vt

$(ct)^2=(c\tau)^2+(vt)^2$

懂了吗？

从高速飞行的飞船之外观察，光不得不走比上图更长的距离。由于光速不变，距离越长时间就越长。也就是说从飞船之外看的话，飞船里的光子钟的计时变得更缓慢。

● 图 6-3 光子钟实验

那么我们换个视角，从宇宙飞船之外观察飞行的飞船之内的光子钟，会怎么样呢？从飞船之外会看到在光从发光部位到达镜子的这段时间里，宇宙飞船一直在往横向飞。结果就是光斜着前进，跑了更长的距离。镜子反射光时也是同样的情形。也就是说，从宇宙飞船之外观察会发现光不得不走（比单纯的往复运动）更长的距离。

根据光速不变原理，宇宙飞船里的光速在飞船之外观察也是不变的（这一点非常重要！）。走过更长的距离需要更多的时间，在飞船之外看来，飞船里的光子钟就好像是在更缓慢地计时。

这就是高速飞行的飞船里时间会变慢的关键所在。

用勾股定理计算时间变慢的程度

让我们来具体推导一下时间变慢的公式。如果你认为相对论需要很艰深的数学知识，那你就大错特错了。只要用中学时期学过的著名的勾股定理，就能推导出飞船里的时间具体变慢多少的公式，非常简单。让我们来试一试。

我们先用字母来表示各个变量：c 表示光速，t 表示地球时间，τ 表示飞船内的时间，v 表示飞船的速度。光子钟的长度取 0.5 光秒或者 0.5 光纳秒都可以，用光信号的一个来回来推导太麻烦，我们用单程就可以（见图 6-3 下）。

首先，当在宇宙飞船内观察飞船内的光子钟时，光子钟的激光从发光部位到达镜子所需的时间是 τ，而光是以光速 c 前进的，光子钟原本的长度就可以简单地表示为 $c\tau$（速度 × 时间）。

然后，从飞船外观察同一个（在飞船内的）光子钟时，如前所述光线看起来是斜着前进的。发光部位发出的光线花费了时间 t 才到达镜子，因此斜边的长度可以表示为光速 c 与时间 t 的乘积，即 ct。

最后，从宇宙飞船外观察时，飞船横向移动的速度为 v，那么地球上观察到的飞船横向移动距离就是 vt。

在此让我们使用勾股定理，结合图像立刻就能得出

$$(ct)^2 = (c\tau)^2 + (vt)^2$$

这样我们就将地球时间 t 与以速度 v 飞行的飞船内的时间 τ 的关系表示了出来，就这么简单。我们还可以再整理一下。首先把带 t 的项移动到左边变为

$$(ct)^2-(vt)^2=(c\tau)^2$$
$$(c^2-v^2)t^2=c^2\tau^2$$
$$\left(1-\frac{v^2}{c^2}\right)t^2=\tau^2$$

两边同时求平方根就能得到

$$\tau=\sqrt{1-\frac{v^2}{c^2}}\,t$$

这样，我们就得到了地球时间 t 和飞船内的时间 τ 之间的关系式

$$t=\lambda\tau=\frac{\tau}{\sqrt{1-\frac{v^2}{c^2}}}$$

此处的 $\lambda=1/\sqrt{1-\frac{v^2}{c^2}}$ 叫作洛伦兹因子，它能够表示高速运动的宇宙飞船里的相对论效应的程度。$v=0$ 时它就是1；$v>0$ 时，它就会比 1 大；而当 v 接近于光速时，它就会变得无限大（见表 6-1）。只要洛伦兹因子大于 1，地球时间就会比飞船内的时间大，也就是说飞船内的时

间变慢了。

表 6-1　洛伦兹因子

v/c	洛伦兹因子	飞船内的时间 τ / 年	地球时间 t / 年
0	1	1	1
0.1	1.005	1	1.005
0.2	1.021	1	1.021
0.3	1.048	1	1.048
0.4	1.091	1	1.091
0.5	1.155	1	1.155
0.6	1.250	1	1.250
0.7	1.400	1	1.400
0.8	1.667	1	1.667
0.9	2.294	1	2.294
0.99	7.089	1	7.089
0.999	22.366	1	22.366
0.9999	70.712	1	70.712
0.99999	223.61	1	223.61
0.999999	707.11	1	707.11

　　让我们用讨论"同时"时所举的例子来具体代入计算一下。此时宇宙飞船的速度为 $0.6c$，洛伦兹因子是 1.25。也就是说，收到来自基地 B 的信号时，地球上过了 1.25 年，而飞船内过了 1 年；收到来自基地 A 的信号时，地球上过了 5 年，而飞船内过了 4 年。

时间变慢听起来好像很复杂，但我们已经定性且定量地用初等几何学进行了说明。

时间变慢已经得到了证实

说起相对论效应，我们可能会觉得难以证实。但实际上，时间变慢的效应已经被很多实验证实了。比如，来自太空的宇宙射线与地球大气中的原子核碰撞后会产生一种叫作 μ 子的基本粒子，其寿命的变化就能当作证据。

μ 子是一种极不稳定的粒子，平均寿命（半衰期）仅有 2.2 微秒。也就是说，2.2 微秒后，一半的 μ 子就衰变了。

宇宙射线与原子核碰撞产生的 μ 子以接近光速的速度飞行。如果不存在时间变慢效应，μ 子的平均飞行距离不会超过光速与其平均寿命的乘积，也就是 660 米。但是产生于遥远高空（大体上的高度为 20 千米）的 μ 子却能穿越数十千米的大气层到达地面。也就是说，高速飞行的 μ 子的寿命延长了。

像这种基本粒子寿命延长的现象，如今在地面上也能检测出来。比如日本筑波科学城有一个大型加速器，播磨科学公园城也有一个叫作 SPring-8（8 GeV 超级光子环）的同步辐射装置在正常运转。利用这些大型加速器开展的基本粒子实验证实了基本粒子的寿命会被延长。其实说回来，如果不考虑相对论效应，同步加速器根本就没法设计出来。顺便提一句，SPring-8 是一个周长为 1436 米的环形装置，被称为存储环。它能存储 8 GeV（80 亿电子伏特）的高能电子。

双生子佯谬与浦岛效应

在此让我们回到本章开头提到的"浦岛效应"，它与"双生子佯谬"本质上是一样的。

以亚光速飞行的宇宙飞船上的时间比地球时间要慢，这是已被实验验证的事实。那让我们设想一下这种情况：

有一对双胞胎姐妹静子和翔子，静子留在地球上，翔子乘坐以亚光速飞行的宇宙飞船在宇宙中旅行。在静子看来翔子是在高速运动，翔子的时间变慢了，寿命延长了。因此，当静子与翔子再见的时候，旅行归来的翔子比静子年轻对吧？

不，先别急着回答。由于运动是相对的，我们能不能这样想，那就是在宇宙飞船上的人看来地球也是在做高速运动？也就是说在飞船上的翔子看来，静子的时间反而变慢了，因此静子才会是更年轻的那个？

没有变老的究竟是静子还是翔子？

这就是著名的"双生子佯谬"。

实际上这个问题困扰过很多研究者，不过现在已经被完全解决了。

这个佯谬的狡猾之处在于，它将地球和宇宙飞船看作是完全对等的。

的确，在飞船以固定速度飞行期间，对地球和飞船来说，彼此是完全对等的惯性系，无论在二者中的谁看来，对方的钟表都是变慢了的。可是，宇宙飞船在改变方向的时候，一定会有加速或减速的阶段（从地球出发的时候以及返回地球的时候）。在加速（减速）阶段，宇宙飞船由于受到外力的作用，不再是与地球对等的惯性系。考虑到这一点，没有变老的那位只能是翔子。

当飞船在非常遥远的天体间穿梭时，飞船内度过的时间可能不过十年，地球上却已过了几千年、几万年。等翔子回来的时候，可能从小长大的村庄和城市没了，文化和语言也变了……就像从龙宫回来的浦岛太郎那样。乘坐亚光速宇宙飞船完成了太空旅行，"从星星上回来"的翔子此刻处于非常悲惨的境地。这就是"浦岛效应"。

第七章

最著名的爱因斯坦方程——

$$E = mc^2$$

原子的力量被释放后，

除了我们的思维方式，

一切都变了。

就这样，

我们渐渐地走向前所未有的灾难。[1]

103

颠覆了世界的方程

　　爱因斯坦的相对论推导出了很多颠覆了世界、改变了旧有常识的结论。其中之一就是被称为爱因斯坦质能方程的著名关系式。仅从其推动了核弹的发展这一点而言，这的确是一个颠覆了世界的方程。质能方程出现之前和之后，世界发生了翻天覆地的变化。

　　或许有点突兀，不过我想在此聊几句曾经成为一种社会现象的科幻动画《新世纪福音战士》。就算没有看过动画，我想大家也都听过它的名字吧。这部动画简单来说就是：

　　通用型人形决战兵器新世纪福音战士

　　不明身份的敌人——使徒来袭

　　人类补完计划

　　在动画中，公元 2000 年 9 月，南极发生了名为

"第二次冲击"的神秘大爆炸，导致主要城市被水淹没。故事开展正是以爆炸发生 15 年之后的世界为背景。世界处于联合国的统治之下，日本在预计使徒（人类的敌人）即将来袭的神奈川县箱根附近，建造了抵挡使徒进攻的要塞城市——第三新东京市（由于东京几乎被水淹没，日本迁都松本并将其命名为第二新东京市）。在第三新东京市的地下，存在着一个名为"地球前线"的球形地下空间。为保护人类不受使徒伤害而成立的联合国直属组织 NERV 的本部就设置在那里。人们在 NERV 开发人形决战兵器福音战士，驾驶员有碇真嗣、绫波丽和明日香等。

在第六集"决战·第三新东京市"里，展开了强力 AT 力场、兼具攻守技能的第五使徒雷米尔登场。向第三新东京市袭来的雷米尔企图进攻 NERV 本部。NERV 作战部的葛城美里为了摧毁使徒的 AT 力场，征用了战略自卫队的正电子来复枪（后改造为正电子炮），拟定了对雷米尔进行超长距离射击的"屋岛作战"提案，然后集结全日本的电力进行超长距离射击。但是第一次射击失败了。后来充电并再次射击后，终于击败了雷米尔。

上面提到的需要集结全日本电力的正电子来复枪，实际上就是爱因斯坦相对论的产物。

最著名的方程

$E=mc^2$，"质量与能量是等价的"。

先不说爱因斯坦刚提出相对论的时候是个什么情况，今天的人们或多或少都应该听说过上面这句话吧。实际上，在相对论提出的各种概念中，质能方程与黑洞或许是最广为人知的。本章开头爱因斯坦的那段话所蕴含的内容，对那时的人们来说相当陌生。而到了现代，尤其是人类拥有了核武器之后，这个方程的现实性就不容置疑了。爱因斯坦质能方程或许是自然科学的各个基本方程中最著名的一个。

根据该方程，1 千克物质等价于 9×10^{16} 焦的能量。做个类比，广岛原子弹（1.5 万吨 TNT 当量）的能量约为 6×10^{13} 焦。也就是说，1 千克物质所具备的能量相当于 1500 个广岛原子弹！

让我们来推导一下爱因斯坦质能方程

虽说相对论的各种各样的性质并不都是简简单单就能推导而出的，但其中也有像时间变慢这种不难推导的部分。事实上，质能方程用高中所学的"质量守恒定律"和"动量守恒定律"就能推导出来。接下来让我们用爱因斯坦自己在 1946 年所使用过的方法来推导质能方程。虽然比起只用几个字母和式子、借助于勾股定理就能证明的时间变慢问题，这里的推导要复杂些，但想想这是为了弄明白 $E=mc^2$ 这么了不起的公式，那么稍微花点功夫也是值得的。

首先让我们想象有一个物体在正中，左右各有一个能量相同的光子朝它飞过去并被它吸收（见图 7-1）。之所以左右各有一个光子，是为了让两边所受的力总是保持平衡。如果只在左边有一个光子，那做思想实验的时候总要考虑物体会向右稍微移动一小点，就会很麻烦。

物体的质量我们就用 mass（质量）这个单词的大写首字母 M 来表示吧，一个光子的能量就用 energy

思想实验 1：静止状态

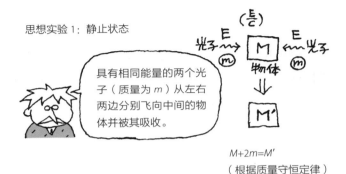

具有相同能量的两个光子（质量为 m）从左右两边分别飞向中间的物体并被其吸收。

$M+2m=M'$

（根据质量守恒定律）

思想实验 2：以速度 v 运动

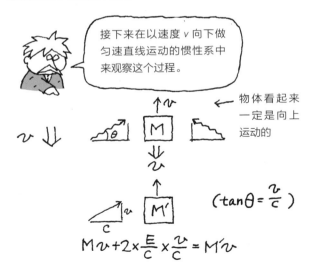

接下来在以速度 v 向下做匀速直线运动的惯性系中来观察这个过程。

物体看起来一定是向上运动的

$\left(\tan\theta=\dfrac{v}{c}\right)$

$$Mv+2\times\frac{E}{c}\times\frac{v}{c}=M'v$$

● 图 7-1　推导质能方程 $E=mc^2$ 的思想实验

（能量）的大写首字母 E 来表示，质量⊖用 m 来表示。现在我们想弄清楚的，即实验目的就是，能量为 E 的光子等价于多大的质量。换句话说，如果光子的能量 E 跟质量 m 等价，我们只需求得它们之间的关系。

如果物体完全吸收了 2 个光子，并且光子的能量转化成了质量，那么物体就应该刚好增加了等价于 2 个光子能量的那么小的质量。在此我们用 M' 来表示吸收了 2 个光子之后的物体质量，根据"质量守恒定律"，物体最初的质量 + 光子的等价质量 = 吸收光子后物体的质量，即 $M + 2m = M'$ 这个等式成立。

到此为止，没问题吧？

接下来，让我们从其他惯性系的角度再来观察同一个现象。具体来说，我们在以速度 v 向下做匀速直线运动的惯性系中观察吸收光子的这个过程，此时物体看起来就是在向上运动。而且无论在物体吸收光子之前还是之后，物体向上运动的速度看起来都是 v。这一点毫无疑义。

那么现在让我们通过上下方向的"动量守恒定律"

⊖　光子的静止质量为零，我们所说的光子质量是其动质量。——编者注

来思考。动量是表示物体运动势头的量。以投球为例：比起软式棒球，相同速度下更重的硬式棒球所具有的动量更大；同一个球的速度越大则动量越大。接球时手的疼痛程度能较直观地体现动量的大小。

具体而言，以速度 v 运动的质量为 M 的物体，其动量为 Mv（如果物体没在运动，速度为零，那么动量也为零）。

在物体吸收光子的现象中，当观察者处于静止状态时，物体没有做向上的运动，向上的动量无论是吸收光子之前还是之后都为零。因此，吸收光子前后的动量没有变化。也就是说，动量是守恒的（虽然只是 $0 = 0$）。

而在以速度 v 向下运动的惯性系中观察时，物体看起来是以速度 v 向上运动的，动量是 Mv。物体吸收光子之后质量变为 M' 而速度仍然是 v，动量是 $M'v$。由于速度 v 不变，质量 M' 比 M 大，物体吸收光子之后（比起吸收之前）的动量就增加了。而当观察者所在的惯性系保持静止时，向上的动量是不变的，这就有点奇怪了。多出来的动量是从哪里来的呢？只能认为是光子带来的。是的，被物体吸收掉的光子增加了物体向上的动量。

对物体来说，动量就如前面说的那样，是质量与速度的乘积。但是光子没有静止质量，速度总是光速。那么光子能产生多大的动量呢？

事实上，已知像光子这样以光速运动的粒子，其动量为能量除以光速，即 E/c。也就是说，光子的能量越大，动量就越大。

现在让我们利用这个关系，来检查一下前面那段话。从静止的惯性系中观察，光子是横向直线飞行，只有横向的动量。但在向下运动的惯性系中观察，光子看起来则向上移动了很小的距离。这是我们前文提到过的"光行差"现象。斜向上飞行的光子具有少许向上的动量，与物体碰撞被吸收的时候，将物体稍微向上推了一点点。这就是物体动量变化的原因。

具体计算的时候，不能因为光子的动量是 E/c 就认为光子直接把这么多动量加在了物体上，这是由于光子是沿斜线运动的。光子的飞行速度是 c，物体的运动速度是 v，画一个直角三角形就能看到，光子向上的动量占光子总动量的 v/c（严格地说，这是在 v 远小于 c 的情况下）。那么，2 个光子为物体增加的向上的动量为

$$2 \times \frac{E}{c} \times \frac{v}{c}$$

在向下运动的惯性系中观察时，包括光子带来的动量在内，物体在竖直方向上的动量应保持守恒，即物体最初的动量 + 光子所给的动量 = 吸收光子后物体的动量，可表示为

$$Mv + \frac{2Ev}{c^2} = M'v$$

这下所有要素都齐全了。接下来我们将这个式子稍微变一下形。首先，我们注意到式子里所有的项都有 v，把 v 同时除掉就能得到

$$M + \frac{2E}{c^2} = M'$$

在此我们再利用质量守恒公式（$M + 2m = M'$）将 M' 替换掉，得到

$$M + \frac{2E}{c^2} = M + 2m$$

两边同时减去 M 得到

$$\frac{2E}{c^2} = 2m$$

$$\frac{E}{c^2} = m$$

$$E = mc^2$$

这样，我们就顺利地推导出了质能方程。

我们刚才所论证的，严格地说是能量为 E 的光子等价于多大的质量，得出的质量 m 的值为 E/c^2。但如果我们把刚才的思想实验反过来，想象从物体中飞出去 2 个光子的情况，以此来推算质量 m 相当于多大的能量，同样也能得出与质量 m 等价的能量 E 的值为 mc^2。

话说回来，质量守恒定律、动量守恒定律乃至光行差都是相对论出现之前就被人们所熟知的经典法则。那么，在刚才的证明中，我们在哪里用到了狭义相对论呢？

其一，无论在静止的惯性系中，还是在向下匀速运动的惯性系中观察，光速 c 都是固定的（光速不变原理）；其二，无论是在哪个惯性系中，质量守恒定律和动量守恒定律，这些物理定律都是同样成立的（狭义相对性原理）。

这么一看我们就会知道，狭义相对论并没有提出全新的物理定律。它只是在某种意义上针对相对论之前的物理学，稍微转变了一下思考的角度。但是在爱因斯坦之前的所有人都没有这么想过，因此这个转变是巨大的。

驯服太阳

迄今为止，人类的发明中最恐怖的要数核弹了。这一点恐怕谁都没有异议。核弹大体上可分为原子弹和氢弹。原子弹是铀或者钚这种较重的原子核，在分裂成较轻的原子核（核裂变）时，失去的很小一部分质量转化成为巨大的能量。而氢弹则刚好相反，是氢这样较轻的原子核聚集在一起，在变成氦这样较重的原子核（核聚变）时，有很小的一部分质量转化成为巨大的能量。

原子弹也好，氢弹也罢，事实上当我们探究核弹的原理时，总能用到质能方程。开发核弹或许是现代人做过的最愚蠢的行为，但如果就此认为（部分）责任在于提出该方程的爱因斯坦，那未免有些残酷了（尽管在本章开头所引用的文字中，爱因斯坦认为自己有责任）。

为什么呢？因为这就跟把子弹能伤人怪罪到牛顿发现了运动定律一样，都是不合理的。

或许应该说人类狂妄得过头了。爱因斯坦推导出$E=mc^2$所以人类才造出核弹，如果说出这种话，爱因斯坦所信奉的神——自然之神一定会嘲笑人类的自大。因为自然早在人类出现之前就点燃了原子核之火。人类别说核聚变，连核裂变都还不能完全掌握；自然却轻松自如地实现了稳定的核聚变。正是核聚变之火照亮了黑暗的宇宙，无数闪烁的星星是这样，太阳也是这样。

太阳的中心处于超高压、超高温的状态——约为2400亿个标准大气压、1400万℃，那里正在进行着由4个氢原子核变成1个氦原子核的核聚变反应。其他类似太阳的恒星的中心也是如此。

1个氦原子核的质量比4个氢原子核的质量之和小2.9%，也就是说聚变后每个氢原子核的质量减少了0.7%。换句话说，氢经过核聚变反应变成氦后，每个氢原子失去了0.7%的质量。不，"失去"的说法并不准确。根据质能方程，那0.7%的质量转化成了能量。

具体地说，在太阳中心每秒有6亿吨氢变成氦，也就是说，每秒有6亿吨 × 0.7% = 420万吨物质转化成了能量。这是用电脑都算得费劲的天大的能量。

　　然而，太阳等恒星中心的核聚变反应却尤为稳定地持续进行着（如果不是这样，那一定早就爆炸了）。每当恒星中心的核聚变反应变得剧烈，温度骤然升高，中心部分就会因为压力变大而膨胀。结果，中心因绝热膨胀而温度下降，反应开始减弱。相反，如果温度过低，中心部分会因为压力变小而收缩。结果，中心因绝热收缩而温度升高，反应重新变强。这是一种很好用的机制。

宇宙中的正负电子对湮没

　　恒星中心发生的核聚变反应，正像质能方程所描述的那样是质量转化成了能量。不过，不要为此感到惊讶。宇宙中正在发生着比这种方式更加极端的质能转换。终极的转换就是所谓"湮没"。我们来稍微了解一下正负电子对湮没。

　　电子如我们所知，是一种携带负电荷的基本粒子。它与质子、中子共同构成原子，而原子是发生在我们周围、造成了种种变化的化学反应的承载者。电流从正极流向负极也是因为电子从负极移动到了正极。

而电子的反粒子正电子是携带正电荷的基本粒子。除了电荷，正电子的质量及其他所有性质都与电子相同。虽然在两个氢核聚变成氦核的反应或者质子的正电子发射（$β^+$衰变）中能产生正电子，但这种粒子在自然界中通常不存在。1932 年，卡尔·安德森在宇宙射线中第一次发现了正电子。

如果电子与正电子偶然相遇，它们就会湮没而失去所有质量。根据质能方程，原本的质量会全部转化成能量（光）。这就是"正负电子对湮没"。

具体来说，电子与正电子发生湮没后一般会生成两个光子。每个光子所具有的能量相当于一个电子的质量。基本粒子的能量通常用电子伏特这个单位来计量（1 电子伏特 $\approx 1.6 \times 10^{-19}$ 焦），正负电子对湮没生成的光子所具有的能量是 51 万电子伏特。这个值看起来虽然很小，但作为光子这个能量已经很大了。它比可见光和 X 射线的能量都高，达到了 γ 射线的级别。因此，当大量电子与正电子发生成对湮没时会产生特殊的光谱线，γ 射线在 51 万电子伏特处达到峰值。这种特殊的光谱线被称作"湮没谱线"。

在我们日常生活的世界中原本不存在正电子，正负电子对湮没也就不可能发生。然而在太空中似乎并非如此。为什么这么说呢，因为我们在太阳耀斑、脉冲星和遥远的活动星系核等宇宙的各个角落都发现了标志着正负电子对湮没的 51 万电子伏特的特征谱线。并且我们还在银河系中心发现了正负电子对湮没辐射源。

自 20 世纪 70 年代起，我们就知道银河系的中心发生着正负电子对湮没。用气球搭载的 γ 射线探测器在朝着银河系中心观测时，检测出了 51 万电子伏特的特征湮没谱线。γ 射线的强度为每平方米每秒有 10 个左右的光子，当从距离银河系中心如此远的地方估算时，相当于每秒有 100 亿吨（10^{43} 个）正电子消失。γ 射线的强度在不到 1 年的时间内会产生较大的变化，因此可推测湮没辐射源的直径不超过 1 光年。虽然还不能完全确定，但据推测位于银河系中心附近的微类星体"大湮没者"（1E1740.7–2942）就是该湮没辐射的发源地。

"大湮没者"是质量介于 10 倍太阳质量与 100 倍太阳质量之间的中等质量黑洞。周围星际气体云中的气体正向着这个黑洞倾泻而下，它们由于受到黑洞的强大引力而激烈地碰撞，在黑洞附近变成超高温的等离子体状态，时不时爆发性地产生电子与正电子。

也就是说，处于等离子体状态的质子、电子、光子之间彼此频繁地发生碰撞，等离子体的温度超过60亿℃，这样的碰撞就会产生电子与正电子。此时的电子与正电子必定是成对产生的，即所谓的正负电子对。产生的高能量电子与正电子以喷射的形式射入周围的星际气体云。电子和正电子几乎以光速行进3年左右后开始减速，在高密度、低温的星际气体中发生成对湮没。

正电子来复枪的威力

话说回来，前面提到的动画《新世纪福音战士》里用到的正电子来复枪的攻击力有多强呢？让我们来稍微估算一下。要发射正电子来复枪，必须要集结全日本的电力。日本一次的能源供给量在 EVA 设定的 2015 年那个阶段约为 2×10^{19} 焦。如果给正电子来复枪再次充电（储存必要的正电子）需要一分钟，在此期间全日本供给的电量为 3.8×10^{13} 焦。

这跟广岛原子弹的能量大致相当。可核弹的爆炸会扩散开来，正电子来复枪的威力却集中在一点，能量相当但效率要高得多。正电子来复枪射出的电子与正电子的总质量约为 0.422 克，正电子的总数约为 5×10^{26} 个。

爱因斯坦质能方程的意义

本章对爱因斯坦质能方程进行了长篇论述。现在我们已经知道从地上世界到太空，自然界的各个角落里都有符合质能方程的具体例子。可是，这个方程的本质是什么？我想应该是它将看似性质完全不同的事物组合在了一起。

质能方程表达了质量和能量之间的关系。但在爱因斯坦之前，"质量"和"能量"是物质不同的存在形式。

质量作为物质的固有属性而存在，它具有很多性质。质量不会任意增加或减少（质量守恒定律）。两种物质合在一起的总质量是各部分质量之和（可加性）。

物体的质量越大，越难使其移动（惯性质量：牛顿第二定律）。还有，物体的质量越大，受到的重力越大（引力质量：万有引力定律），等等。

另一方面，能量作为物质与非物质的共通属性而存在，表示某种趋势（活力）。一开始，说起能量人们总是想起动能或势能——所谓机械能。人们根据经验认为，这些能量的总和不变（机械能守恒定律）。然而不久，随着测量技术的改进，人们通过更加精密的实验发现机械能守恒定律并不成立。人们知道了除了机械能还有热能、光能等各种形式的能量，以及能量的形式虽然各种各样，但能量的总和保持不变（能量守恒定律）。

关于质量和能量的性质，以上提到的这些，爱因斯坦以前的人们已经知道了。人们所知的质量和能量是两回事，它们遵守各自的守恒定律（可是，我们却不曾了解质量和能量的本质，至今仍是如此）。

然而，爱因斯坦的狭义相对论得出了令人吃惊的结论：质量能够转化成能量，能量也能够转化成质量！质量和能量就这样被质能方程联系在了一起，就像用红酒搭配日本料理的突发奇想。

　　爱因斯坦用狭义相对论将物质与光的容器——时间和空间统一成"时空"，又进一步将容器中的物质（质量）与光（能量）融合在一起。结果，牛顿力学中的基本守恒定律——质量守恒定律、动量守恒定律以及能量守恒定律被归结为同一个能量动量守恒方程。

　　而这只是统一所有理论的第一步。

第八章

时空的形式——弯曲空间

甲虫在球面上爬行时，

感觉不到自己走过的道路是弯曲的。

我却很幸运地发现了这一点。[1]

球面世界的居民

从第五章到第七章我们主要探讨了与狭义相对论相关的难题。在接下来的几章中我想以黑洞为代表来探讨与广义相对论相关的难题。与接近光速的世界里发生的现象相比，弯曲空间似乎更令人难以捉摸。但抛弃旧有常识、改变思维方式仍然是解答难题的关键。那么首先，时空几何引力理论是什么？

广义相对论认为时空不是平坦的，它会因为质量的存在而变得弯曲。虽然我们是要思考弯曲时空的难题，但直接说空间是弯曲的很难让人理解。首先让我们来"复习"一下我们所居住的地球表面。地球表面也是某种意义上的"弯曲空间"。

地球是圆的。我们居住的地球是平均半径约为6400千米的球体。世界最高峰珠穆朗玛峰有8000多米高，最深的马里亚纳海沟有1万多米深，但与地球的半径相比，也就千分之一二的样子。如果地球只有桌面上的地球仪那么大，那么地球表面几乎就是光滑的球面。

与这么大的地球相比，身高 2 米左右的人类就像是肉眼难以看到的草芥。因此，人类常被称作在这个名为地球的行星表面筑巢的寄生虫。对地球而言，人类是寄生虫、共生体还是过客呢？这我也不知道。但是在这个地球的表面，共同生活着包括人类在内的无数生物。环绕地球的空气层被称为大气层，海水、淡水所在的区域被称为水圈，这个厚度只有 20 千米却充盈着生命的薄薄的圈层被称为生物圈。

大家已经知道地球是圆。至少作为一种常识，生活在现代的人们知道并且相信地球是圆的。

话虽如此，但如果有人问是不是真的能感受到大地是圆的，我们会不会陷入沉思呢？实际上，在日常生活范围内，就算把大地当成是平坦的，也不会有任何困扰。普通地图也是印在"平坦"的纸上的。这是因为与地球的尺寸相比，人类实在太过渺小。

可如果坐飞机从高空看海与天的分界线，就能感受到地球是圆的。在发生月食的时候，月亮在进入地球的影子时，当你看到映在月亮上的地球影子的边缘线，就能感受到地球是圆的。最直接的是，看到从太空拍摄的地球照片，就一定会觉得地球就是圆的。

无论如何，人们居住的大地并不是绝对平坦的平面，而是球形的曲面，并且我们并没有特别意识到大地是弯曲的这个事实。

同样，虽然不能凭直觉感受到，但我们也是有可能生活在弯曲的空间里呀！

弯曲的空间是怎样的空间

万有引力定律认为引力是两个质点间的作用力，而在广义相对论中，引力的作用被空间几何学所取代。也就是说，我们可以这么考虑：质量的存在能对其他质量产生吸引力是由于其扭曲了周围的空间，而这种扭曲会向远方传递从而影响到远处的另一个质量。万有引力定律将引力看作两个物体之间的远距离作用力，而广义相对论则将之视为一种"邻近作用"。

那么难点在于，质量的存在究竟是如何使周围的空间变得弯曲的？

弯曲的空间究竟是什么？

一言以蔽之，弯曲的空间即欧几里得几何学中不成立的空间。这么说似乎过于简略了，不过欧几里得几何学就是让很多人从小学时期就头疼的那门几何学。

古希腊数学家欧几里得于约公元前 300 年将此前的几何学整理汇编成为《几何原本》。据说欧几里得曾以此书为教材，在古埃及首都亚历山大城给国王托勒密一世教授几何学。由于觉得定义、定理太过麻烦，国王问欧几里得有没有捷径可走，欧几里得说"几何学没有捷径"，后来这传为了轶事。对，这就是"学习没有捷径"这句话的起源。在遥远的公元前时代，国王和庶民同样为几何学所困扰。

在《几何原本》的开头，欧几里得提出了以下 10 条公理[⊖]作为欧几里得几何学的基础。

1. 等于同量的量彼此相等。

2. 等量加等量，其和相等。

3. 等量减等量，其差相等。

4. 彼此能完全重合的物体是全等的。

⊖ 第 6—10 条严格来说应称为"公设"，不过近代数学对公理和公设不再加以区分，统称为"公理"。——编者注

5. 整体大于部分。

6. 过不同两点，能且只能作一条直线。

7. 有限长的线段可以无限延长成一条直线。

8. 以定点为圆心、定长为半径，可作一圆。

9. 凡直角都相等。

10. 过直线外一点，有且只有一条直线与这条直线平行。

此处的"公理"指最基本、最绝对的假设，它们由于太过理所当然而无须再去证明。平面几何的所有定理都是由这 10 条公理推导而出的。也就是说，今天那庞杂而令人头疼的几何学可以用这 10 句话来概括。

前 9 条公理先不去管它，有问题的是第 10 条公理，俗称"平行公理"。这条公理看起来似乎也完全是理所当然的，但果真如此吗？如果在球面上画平行线呢？

承认平行公理的几何学被称为"欧几里得几何学"，反之则叫作"非欧几里得几何学"。此外，能实际画出无限延伸且平行的直线的空间叫作"欧几里得空间"，不能画出这样的平行线的空间叫作"非欧几里得空间"。事实上我们所居住的宇宙不属于能画出平行线的欧几里得空间，而属于画不出平行线的非欧几里得空间。

之所以这么说，是因为我们周围的时空是弯曲的。话虽如此，但这就跟说地球是圆的一样，我们完全没办法感受到。

当然，其中的一个原因是比起空间的曲率半径[○]，我们实在太小了。这就跟比地球渺小得多的人类无法感受到地球是圆的是同样的道理。

但即便是如此渺小的人类，如果站在直径 100 米左右的小行星上，也能真切地感受到它是圆的。因此，如果时空的弯曲程度非常强，曲率半径非常小，我们也能真切地感受到时空的弯曲。

还有一个原因是，我们本身就存在于时空中。我们与作为容器的周围的时空同样被弯曲了，因此无法察觉或者说难以察觉到时空是弯曲的。

那么，居住在弯曲时空中的我们，该从何入手才能发现时空是弯曲的呢？

○ 描述空间弯曲程度的量叫曲率，或弯曲度。曲率的倒数是曲率半径，曲率半径越大，曲率就越小，看上去就越"平坦"。——编者注

怎样才能知道时空是弯曲的

首先让我们来思考一下平坦的欧几里得空间的特征。比如，我们来试着在"平坦"的平面（空间）上画三角形或者圆形之类的图形（见图8-1）。虽然有点啰唆，在此我们还是来回顾一下这些图形的定义：所谓三角形就是将三个不同的点（顶点）用直线连接起来后形成的图形；而圆是将与同一个点（圆心）距离相等的点连接起来后形成的图形。

我们都知道，在平面上画出的三角形，其内角和为180°。在平面上的圆，其周长为半径的2倍（即直径）与圆周率 π 的乘积。这些在平坦空间中成立的欧几里得几何学（定理），我们在学校的数学课上早就不厌其烦地学过（不厌其烦地去学的又何止这些），再理所当然不过了。然而在弯曲的空间中，这些理所当然的东西不再理所当然。

那么接下来，我们来设想一个类似于地球表面的球面，作为弯曲空间（曲面）的示例。球面上的三角形和圆有什么性质呢？

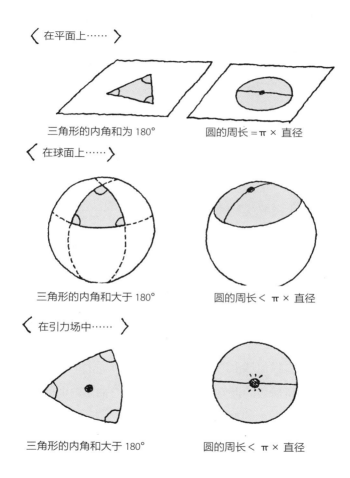

〈 在平面上…… 〉

三角形的内角和为 180°

圆的周长 = π × 直径

〈 在球面上…… 〉

三角形的内角和大于 180°

圆的周长 < π × 直径

〈 在引力场中…… 〉

三角形的内角和大于 180°

圆的周长 < π × 直径

● 图 8-1 弯曲空间上的三角形内角和大于 180°

首先是三角形。三角形是将三个不同的点用"直线"连接而成的图形。对于球面来说，三个不同的点没什么问题，问题在于"直线"。在球面这样的弯曲空间上，我们根本无法像在平面上那样画出笔直的线。在此，我们将平面上对直线的定义"连接两点的最短路径"扩展一下，将曲面上的直线同样定义为"连接两点的最短路径"。因此，球面上的直线是大圆（通过球心的平面与球面的交线）。飞机和船舶的最短航线，即所谓的"大圆航线"就是这么定义的。

也就是说，我们可以将球面上的三角形定义为将不同的三个点用大圆（上的劣弧）连接起来的图形。这样定义了三角形后，只要在球面上画一个比较大的三角形，就能马上明白它的性质：球面上的三角形的内角和大于 180°。

那么像地球上的人类这样生活在球面上的生物，对于自己所居住的世界是否弯曲，如果弯曲了弯曲的程度是多少这样的问题，我们就可以利用这个性质来研究，即在球面上选取相距非常远的三个点，将它们用"直线"连接。然后测量过每个点的两条"直线"间的角度并求和，看内角和是否大于 180°，如果是那就看看比

180° 大多少。

同样地，球面上的圆也可以定义为以某个点为中心，所有与这个点距离相等的点所形成的图形。此时圆的半径就是从圆心到圆周的"直线"的长度。而这个圆的性质，只要画在图上立刻就能看出来：球面上的圆的周长比该圆半径的 2 倍乘以圆周率的积要小。

在我们所举的球面例子中，三角形的内角和大于180°。但根据曲面的弯曲方式不同，肯定也有三角形内角和小于 180° 的曲面。两者虽然都是非欧几里得空间，但前者被称为"黎曼空间"，后者被称为"罗巴切夫斯基空间"。

那么接下来，我们可以开始思考爱因斯坦的理论了（见图 8-1 下）。根据广义相对论，物质（质量）是如何使周围的空间弯曲的呢？

刚才已经说过，平面上的直线就是字面意义上的连接两点的"笔直"的线，而球面上的直线是经过两点的大圆。两者的共同点是，它们都是两点之间的最短路径。与此相同，在弯曲的三维空间里，我们也定义"连接两点的最短路径"为"直线"。有了这样的定义，我们就能以此为基础构建弯曲空间的几何学了。

　　说是"弯曲空间"，我们还是要先弄明白空间是不是弯曲的。首先，在物质的周围选取三个不同的点，将它们用"最短路径"——也就是"直线"连接起来，作出三角形。如果空间是平坦的欧几里得空间，三角形的内角和就一定是180°；如果空间是弯曲的，内角和就不会是180°。那实际上呢？

　　实际上，在我们所生活的这个宇宙里，物质周围的三角形的内角和确实大于180°；并且质量越大、弯曲程度越强，内角和就比180°大得更多。这一点已经得到了验证。同样地，画圆的时候，周长比半径的2倍乘以圆周率的积要小。物质周围的空间不是欧几里得空间，而是名为黎曼空间的弯曲空间。

　　对了，后文会讲到，将弯曲空间里的"直线"用"光线"来表述是很普遍的。

弯曲空间里的光线也是弯曲的

　　如上所述，在具有质量的物质周围形成了不受欧几里得几何学支配、而受黎曼几何学支配的弯曲空间。在牛顿的绝对空间里，光沿直线传播是不证自明的。在不考虑引力场的狭义相对论中，光速虽然是恒定且有限的，但光沿直线传播的性质并未改变。然而，在考虑了引力场的广义相对论中，空间作为万物的容器本身是弯曲的，那光的路径只能是弯曲的吧？

既然光沿两点之间的最短路径前进（不如说沿最短路径前进的事物被定义为"光"），那么当光沿着弯曲空间前进时，光的路径必然是弯曲的。这跟地球表面（球面上）的大圆航线是弯曲的是同样的道理。虽然光自始至终是在"笔直地"向前走，但由于作为万物容器的空间是弯曲的，光的轨迹也变得弯曲了。换句话说，光的轨迹是弯曲空间里的"直线"。

话说回来，即便空间不是弯曲的，根据等效原理，光是在引力场中做自由落体运动，轨迹本来就是弯曲的。现在，我们知道了光的轨迹之所以是弯曲的，除了因为光因等效原理而做自由落体运动之外，也因为空间弯曲的效应。

因此，"根据爱因斯坦的广义相对论，光在引力场中是弯曲的"这句话更准确的表述是：1. 光在引力场中做自由落体运动；2. 空间的弯曲令光的路径发生改变。光因这两个原因而弯曲。

通过观测日食来验证光线的弯曲

如前所述，广义相对论预言了在天体形成的引力场中，光线是弯曲的。经过广义相对论的计算可知掠过太阳的光线会偏离最初的方向 1.75 角秒。

实际上，爱因斯坦于 1911 年用等效原理推导出掠过太阳边缘的星光会弯曲 0.87 角秒，但这个值只有根据广义相对论所得出的值的一半。这是因为那时的计算并未考虑到空间弯曲的效应。后来，在考虑到两方面的因素后，就得到了 1.75 角秒这个值。

1.75 角秒是一个极小的角度，很难测出来。并且由于太阳非常明亮，通常我们无法看到太阳那个方向的星星。然而，在发生日全食的时候，我们能够拍到太阳附近的星星。将日全食时拍摄的照片跟半年后（或者半年前）的夜里所拍摄的照片相比较，就能测量出星星的视位置偏移。如果光线像广义相对论所预言的那样弯曲了，星星的位置看上去一定是有些微偏移的，并且这个偏移是朝着远离太阳的方向。

1919 年 5 月 29 日，非洲和巴西发生了日全食。著名的英国天体物理学家亚瑟·爱丁顿率领观测队前往西非的普林西比岛（还有一支观测队前往巴西的索布拉尔），确认了在太阳周围看到的星星的位置真的像广义相对论所预言的那样发生了偏移。此次日食观测令爱因斯坦和相对论"一举成名天下知"。

之后人们又尝试过十几次，利用日全食来检验广义相对论中的光线弯曲。只是用观测日全食的方法要跟半年前或半年后的照片对比，底片的伸缩与望远镜的仪器误差等造成的测量误差非常大。

但引力的好处在于，它公平地作用于万物。可见光是一种电磁波，无线电波、红外线和 X 射线何尝不是其他波长的电磁波。引力别无二致地作用于无线电波、可见光或者 X 射线等电磁波，令所有电磁波都同样地弯曲。

由于引力的这个特性和射电望远镜的发展，对光线弯曲的检验取得了很大的进展，我们能够进行极高精度的测量。比如点状射电源类星体 3C 279，它每年 10 月被太阳所遮挡。距离这个类星体 10 度左右的地方还有一个类星体 3C 273。

当 3C 279 隐藏于太阳背后时,发出的无线电波与可见光一样会被弯曲,它的位置看起来就会有些微的偏移。由于太阳并不会发出强烈的无线电波,我们能通过测量 3C 279 的无线电波清楚地看到被遮蔽的类星体的状态。此时我们能够精确地测量 3C 279 与 3C 273 的相对角度的变化,从而测算无线电波的弯曲程度。

1969 年,G.A. 塞艾尔斯塔德等人用这个方法测出太阳边缘光线弯曲的角度为 1.77 角秒(误差为 ±0.20 角秒)。20 世纪 60 年代前后进行的类似观测得出的结果从 1.57 角秒到 1.87 角秒不等,以约 10% 的精度验证了爱因斯坦的理论值是正确的。此后,爱德华·弗马龙等人用同样的原理观测了 0111+02、0119+11 和 0116+08 这三个射电源,得到了 1.775 角秒的值(1975 年)。事实上,在仔细排除地球大气和观测仪器所引起的各种各样的误差后,现在人们用这个方法能以 1% 以内的误差验证爱因斯坦的理论。

让我们来欣赏时空之美

广义相对论用空间几何学代替引力的作用，但并没有给出解释。就像我前面所提到的那样，这在广义相对论中是一个极其根本的概念，像欧几里得几何学的公理那样无法证明。也就是说，广义相对论对弯曲空间为何能体现引力的作用这一点什么都没说，也没法说。站在"我就是想知道呀"的角度或许会觉得不满，但就像我们无法解释为何万有引力的平方反比定律能够表示引力一样，这种根本性的问题是没法解释的。

可是人们会问"为什么空间是弯曲的？"，却很少问"为什么万有引力会起作用？"。这大概是因为比起能够切实体会到的（平坦的绝对时空中的）万有引力，无法直观感受到的"弯曲空间"这个概念实在让人难以接受吧。

牛顿的万有引力定律也好，爱因斯坦的广义相对论也好，都是构建于无法解释的根本原理——你可以称之为公理——之上的理论。那么，哪个理论更好？哪个理论更正确？

判断理论是否更好的标准很明确。第一是能够更好地解释自然（从这个意义上来说，或许没有正确的理论，只有更好的理论）。第二是要美。万有引力的理论很美，但是广义相对论用空间几何学来表示引力的作用，被认为是更美、与自然更和谐的理论。

与牛顿的万有引力定律相比，广义相对论是一个更加硕果累累，统一了很多事物的优美理论。

或许有一天会出现超越广义相对论的理论，那一定是更加优美的！

第九章

黑洞什么的并不可怕——神秘天体
的秘密

我以最大的兴趣阅读你的论文。

我从未想过能用如此简单的方法

求出这个问题的精确解。

我实在欣赏你对这个问题的数学处理。[3]

光都无法逃出的天体

各位久等了，黑洞终于要出场了。

可以说爱因斯坦的广义相对论推导出的最离奇的事物就是黑洞了。"黑洞"这个词虽然说得上是最广为人知的天文术语，但另一方面，我认为这也是最容易被误解的术语。因为这个词有自己的生命力。有说"黑洞很艰深"的，有说"黑洞看不见"的，有说"黑洞很可怕"的，有说"黑洞是死亡天体"的，在此，我想试着通过这些与黑洞相关的"常识性错误"来消除大家的误解。

虽然黑洞的真实形态是由爱因斯坦的广义相对论所阐明的，但用牛顿力学也能探讨黑洞这样的天体。实际上早在 18 世纪末，英国天文学家约翰·米歇尔以及法国数学家、天文学家皮埃尔 – 西蒙·拉普拉斯等人就预言了连光都无法逃出的天体。

假设我们在天体的表面，朝与其引力方向相反的方向发射一个物体，比如火箭（见图 9-1）。如果发射速度过小，火箭就会落回天体表面；如果发射速度足够大，火箭终将挣脱天体的引力束缚而飞向无限远处。能够脱离天体引力束缚的最小速度就是天体的"逃逸速度"。具体来说，地球的逃逸速度为 11.2 千米 / 秒，太阳的逃逸速度为 618 千米 / 秒。

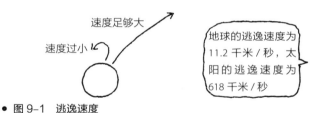

速度足够大

速度过小

地球的逃逸速度为 11.2 千米 / 秒，太阳的逃逸速度为 618 千米 / 秒

● 图 9-1 逃逸速度

如果天体的半径相同，则天体质量越大，天体表面的引力越大，逃逸速度也越大。如果天体的质量相同，则天体半径越小，天体表面的引力越大，逃逸速度也越大。因此米歇尔和拉普拉斯的想法就是，如果天体的质量越来越大，天体的逃逸速度终将超过光速，光都无法从这样的天体上逃出，我们也就无法观测到这个天体。这就是牛顿力学中的"黑洞"这个概念。

让我们来推导一下黑洞的半径

我们可以用牛顿力学来具体地计算一下，天体的质量大到能束缚住光需要满足什么条件。火箭能飞往无限远处的原因是位于天体表面的火箭的动能超过了火箭所具有的势能。

首先，我们假定火箭的质量为 m，从天体表面发射的速度为 v，则发射时火箭的动能为

$$\frac{1}{2}mv^2$$

此外，我们假定天体的质量为 M，半径为 R，则根据牛顿力学，天体表面万有引力的势能为

$$-\frac{GMm}{R}$$

为了求出火箭的逃逸速度 v_{esc}，我们令其动能与势能的绝对值相等，得到

$$\frac{1}{2}mv_{\text{esc}}^2 = \frac{GMm}{R}$$

消去等式两边的 m，两边同时乘以 2，再取平方根就得到逃逸速度的公式

$$v_{esc} = \sqrt{\frac{2GM}{R}}$$

接下来，逃逸速度等于光速时的条件为

$$v_{esc} = \sqrt{\frac{2GM}{R}} = c$$

两边同时平方就可求出这样的天体的半径 R 与质量 M 满足如下关系

$$R = \frac{2GM}{c^2}$$

当质量为 M 的天体，半径比公式里的 R 还要小时，这个天体表面的逃逸速度就超过了光速。这个半径如今被称为"史瓦西半径"。具体来说，当 M 与地球质量相等时，史瓦西半径为 9 毫米；而当 M 与太阳质量相等时，史瓦西半径为 3 千米。

虽然上面的公式是用牛顿力学求出的，但它与广义相对论推导出的黑洞半径完全一致。这里有个容易引起误解的地方。前文我们明明大说特说（广义）相对论比牛顿力学更能准确地描述自然的面貌，结果到了该广义相对论表演独舞的黑洞，我们却说牛顿力学的结果和相对论的结果完全一致。

那么，我先来辩解一下。这种一致在某种意义上是必然的，而在另外的意义上则是偶然的。也就是说，广义相对论更正确并不意味着广义相对论的结果一定要跟牛顿力学的结果天差地别。实际上，如果广义相对论得出的太阳引力（比牛顿力学得出的）要强10倍，那可不得了了。因此，牛顿力学也好，广义相对论也好，关于某个问题求得的结果大体上的量级是相同的，这一点很必然。但是，连系数（比如上面公式里的系数2）都一致就是偶然的，牛顿力学与广义相对论的计算结果并不总是连系数都一致。

像这样用牛顿力学描述出的黑洞形象我们很容易理解，也很容易接受。但是，在牛顿力学中被认为是超距作用的引力，在广义相对论中被视为弯曲时空的几何学。因此，要了解黑洞的本质，就一定要用到广义相对论。

比地球和太阳更为单纯的天体

通过爱因斯坦的广义相对论，我们第一次能正确地描述黑洞了。

广义相对论认为质量周围的空间是弯曲的。当天体的质量不变而半径变小时，质量集中在更小的区域，空间的曲率就会更大。光沿弯曲的空间前进，当空间的曲率非常大的时候，光也无法从如此扭曲的空间中走出去（用逃逸速度来说，就是此时的逃逸速度大于光速）。广义相对论所描述的黑洞就是这样一个时空的曲率大到光也无法逃出的天体。

最简单的黑洞是球对称黑洞，叫作"史瓦西黑洞"（见图 9-2）。史瓦西黑洞的半径也就是前文提到的史瓦西半径，黑洞最外层的边界被称作"事件视界"。事件视界是踏入一步就无法返回的单向边界，连光都无法从事件视界内侧发出。由于我们无法看到边界另一边发生的事件，这个边界就有点类似地平线那样的视界，因此被称作"事件视界"。

经典广义相对论在奇点处失效！　▶　　奇点　　向事件视界的内侧踏出一步就再也回不来了

史瓦西半径

● 图 9-2　史瓦西黑洞的结构

　　事件视界虽说是黑洞的"表面"，但与固态的地球表面以及气态的太阳表面不同，事件视界所在之处没有清晰的界限，空间的性质也并没有在此处发生急剧的变化。比如，让我们来设想一下被水冲向瀑布的情形。对那个淹没在水里被冲着走的人来说，无论在哪，周围都是水（空间），但并没有一个明确的标志表明瀑布（事件视界）在哪里。等发现回不去了的时候已经迟了，只能一头栽进瀑布底下的深潭（奇点）。

　　在黑洞内部，其中心点的时空曲率无限大，被称为"奇点"。由于经典广义相对论在奇点处失效，我们只能用量子引力或者说新物理学来探讨。奇点虽然令杰出的研究者感到头疼，但所幸它在"冥河"（事件视界）的另一边，不会对这个世界造成什么恶果。

　　那奇点与事件视界之间是什么？实际上什么也没有。不，准确地说，可能有时间、空间（真空），还多少有点能量，但并没有什么能称得上结构的东西。也就是说，史瓦西黑洞是比地球和太阳更为单纯的天体，它或许是宇宙中最简单的天体。

成长还是蒸发？——黑洞的一生

　　恒星的结局因其质量的不同而不同（见图9-3）。恒星是由原恒星形成的，比0.08倍太阳质量还轻的原恒星，由于质量太小，它们的中心无法达到能发生核聚变反应的温度，因而没法成为恒星。它们被称为褐矮星。介于0.08倍和8倍太阳质量之间的恒星，在普通恒星（主序星）的阶段过去后会变成红巨星，最终成为白矮星。

　　介于8倍和40倍太阳质量之间的恒星，最后会发生超新星爆发，留下一颗中子星。

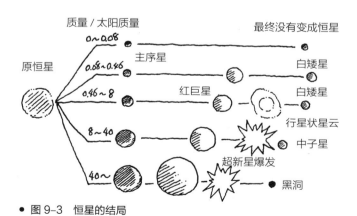

● 图9-3　恒星的结局

比 40 倍太阳质量还要重的恒星发生超新星爆发后，其中心的气压和中子简并压无法对抗自身的引力，在引力的作用下无限向中心点坍缩。这样的结果就是，黑洞诞生了。

黑洞诞生之后的演化有"蒸发"和"成长"这两个完全相反的方向。其一是剑桥大学物理学家霍金所主张的"黑洞蒸发"理论。

经典理论认为真空中单独存在的黑洞会永久存在。但量子力学认为，真空并不是绝对的虚空，虚粒子对不断地在其中产生并湮没。如果虚粒子对在黑洞的视界附近产生，在它们湮没之前，其中一个粒子落入黑洞视界之内而被吞噬，而另一个粒子在视界之外而能被观测到，那么从远处观测这一过程，就好像粒子从黑洞中逃出来了一样。这一过程被称为"黑洞蒸发"或"霍金辐射"。由于这种蒸发的存在，黑洞的质量慢慢变小。

黑洞蒸发的速度随其质量的增大而减小，普通黑洞的蒸发可忽略不计。而黑洞质量越小，蒸发的速度就越大。尤其对质量不足 10 亿吨的迷你黑洞来说，其完全蒸发的时间比宇宙年龄更短，这使得黑洞蒸发变得尤为重要。

还有一种演化是黑洞的成长。也就是说，黑洞会吸收周围的物质，有时还会同其他黑洞发生碰撞，结果就是黑洞慢慢地变大。这个过程被称为"黑洞成长"。

比如，当黑洞产生于星系中心时，周围的气体和恒星很多。吸收了它们之后，黑洞渐渐成长起来，能够变成比一亿倍太阳质量还重的超大质量黑洞。

那么，诞生于大质量恒星死亡之时的一般黑洞，将度过怎样的一生？现在让我们考虑一下以天鹅座 X-1 为代表的黑洞——由大质量恒星组成的双星系统，当然，只能是未被黑洞诞生时的超新星爆发所破坏的双星系统（见图 9-4）。

黑洞诞生几百万年后，其伴星也演化到了膨胀阶段。这样一来，黑洞就能撕裂并吸收伴星的外层大气，逐渐成长起来。在黑洞吸收伴星期间，被吸过去的气体在黑洞周围被加热至高温，进行非常激烈的活动。高温气体因旋转而成为圆盘状，被称为"黑洞吸积盘"。像天鹅座 X-1 这样包含黑洞的 X 射线源，都是处于这个阶段的天体。这是黑洞最为华丽的时期。

当黑洞将伴星吸收殆尽后，留下来的就是刚好增加了伴星的质量的黑洞。此后，黑洞的成长基本就停止

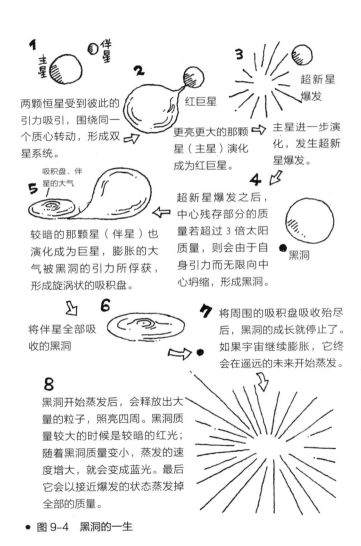

1

主星 伴星

两颗恒星受到彼此的引力吸引，围绕同一个质心转动，形成双星系统。

2

红巨星

更亮更大的那颗星（主星）演化成为红巨星。

3

超新星爆发

主星进一步演化，发生超新星爆发。

4

黑洞

超新星爆发之后，中心残存部分的质量若超过 3 倍太阳质量，则会由于自身引力而无限向中心坍缩，形成黑洞。

5

吸积盘、伴星的大气

较暗的那颗星（伴星）也演化成为巨星，膨胀的大气被黑洞的引力所俘获，形成旋涡状的吸积盘。

6

将伴星全部吸收的黑洞

7

将周围的吸积盘吸收殆尽后，黑洞的成长就停止了。如果宇宙继续膨胀，它终会在遥远的未来开始蒸发。

8

黑洞开始蒸发后，会释放出大量的粒子，照亮四周。黑洞质量较大的时候是较暗的红光；随着黑洞质量变小，蒸发的速度增大，就会变成蓝光。最后它会以接近爆发的状态蒸发掉全部的质量。

● 图 9-4　黑洞的一生

了。当然，黑洞偶尔会缓慢吸收周围的星际气体，或许有时也会撞到其他恒星或黑洞并吞噬它们，稍微变大一点点。但总有一天黑洞周围再也没有可吸收的物质，经年累月也不发生任何变化。如果宇宙永远膨胀下去，在遥远的未来，非常非常遥远的未来，黑洞终将面临蒸发的命运。

谁发现的黑洞

黑洞是爱因斯坦广义相对论最有名的产物。但黑洞并不是爱因斯坦自己"发明"的。那么，谁是第一个提出黑洞的人呢？

爱因斯坦的广义相对论完成于 1916 年。同一年，德国的卡尔·史瓦西求出了广义相对论引力场方程的一个解。这个解如今被称为史瓦西解，是第一个能够表示黑洞（史瓦西黑洞）的解（也是在 1916 年，对应带电荷的黑洞的雷斯勒 – 诺斯特朗姆解也被求出了）。本章开头爱因斯坦的话就是对史瓦西说的。顺便提一句，史瓦西在提出史瓦西解之前，就在几何光学、天体力学、天体物理学等不同领域取得了诸多成就。然而，由于在一战从军时落下的伤病，他于 1916 年发表史瓦西解后就英年早逝了，年仅 42 岁。

接下来到了 1939 年，美国的奥本海默与施耐德在用广义相对论研究恒星死亡时的引力坍缩状态时指出，天体由于自身引力而无限缩小成为黑洞。如今的黑洞这个概念最早就是在这里产生。

此后，人们在 1963 年求出了旋转黑洞的克尔解、1965 年求出了带电荷旋转黑洞的克尔 – 纽曼解。

到了 1971 年，人们终于在真实的宇宙中发现了黑洞的候选体——天鹅座 X–1。

顺便说一句，一开始并没有"黑洞"这个名字，黑洞通常被叫作"坍塌的恒星"或者"冻结的恒星"。科学记者安·尤因在 1964 年 1 月 18 日的一篇文章中所使用的"黑洞"一词是现存最早的使用记录。后来美国理论物理学家约翰·阿奇博尔德·惠勒在 1967 年 12 月的一次讲座上使用了"黑洞"这个词，"黑洞"一词从此流传开来，很多人因此以为惠勒是黑洞这个名词的创造者。

黑洞并不可怕

承载着人类智慧的探索飞船"彗星之翼号"正远离太阳系，朝着宇宙深处航行（当然，驶向的是谁也未曾到过的未知空间）。

飞船在星际游荡时遭遇了黑洞（由于黑洞是看不见的，只有在非常接近的时候才能感觉到）。

飞船被黑洞的引力场所俘获，陷入了致命的危机（不知为何，机器突然发生异常，船体开始震动）。

船体分离开来，抛掉了探测器，如此才勉强逃离了黑洞（某个船员急中生智或者只是偶然）。

虽然还有各种各样的变体，但以上就是在太空中遭遇黑洞的基本模式了。这种模式不仅出现在科幻小说和漫画中，也常常存在于科学解说和电视节目里。实不相瞒，这个模式我也用过。

可是，如果仔细思考一下，真的只有在即将被黑洞引力场所捕获的那一刻才能察觉到黑洞的存在吗？宇宙飞船的探测器性能就那么差？或者仅仅是因为船员都是笨蛋？

黑洞与外星人、瞬移和时空旅行一起，成为宇宙科幻小说中必不可少的元素。虽然很少充当主角，但黑洞可是科幻电影中大出风头的名配角，并且它总是被描绘成将一切都吸进去的恐怖存在。怎么说呢，一些电影甚至将黑洞当成一个很好用的反派。

并非只有科幻电影是这样，世间一般的印象也是如此。将发生坏事的原因全部推给"黑洞"这个词，好像说一句"像黑洞一样（吸进去）"就万事大吉。可是这对黑洞来说也太可怜了。在此，我想为黑洞稍微辩护几句。

我想说的是，"黑洞才没有那么恐怖呢！"黑洞那家伙没那么坏。

比如说，虽然黑洞什么都能吸进去，但那只是在非常靠近黑洞的前提下。如果距离很远，黑洞就只是产生与一般恒星无异的引力作用。实际上哪怕就在此刻，你将太阳换成相同质量的黑洞，地球的运动也不会发生变化。因此，在太空中遭遇黑洞、飞船陷入无法逃离的危机这种事，只要船员不是笨蛋，就不可能发生。

话虽如此，黑洞连光也会吸进去毕竟是事实。（黑洞）就如同黑夜里的乌鸦，肯定有人想知道如何在太空中发现黑洞。虽然这并不是我们的主线内容，不过我们不妨在此谈一下如何在太空中发现黑洞。

寻找"宇宙中的陷阱"

寻找黑洞的方法大致分为三种（见图 9-5）。

第一种能想到的方法是探测黑洞的引力场。由于黑洞的引力场非常强大，探测其引力场乍看似乎很简单。然而，在缺乏基准的太空中很难探测到引力场。事实上，根据等效原理，在相当于自由落体的飞船内部是感受不到外部天体的引力的。

然而，要说引力场是绝对无法探测的，那也并非如此。在谈电梯的思想实验时有一点我们没有提过：只有在重心那个点，物体在没有质量的太空中和在做自由落体的引力场中，才是完全没有区别的——无论是在电梯中还是飞船中都是如此。这么说是因为在没有质量的太空中，物体包括重心在内的所有点都不受引力作用。但在天体的引力场中，物体所受引力的大小和方向随位置的不同而发生变化。因此，当物体自由落体时，重心

其一　用引潮力探测黑洞的引力场

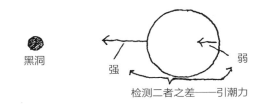

其二　探测黑洞放射 X 射线的情况

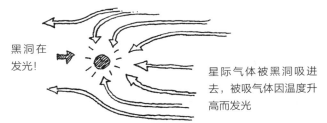

其三　利用"引力透镜"来探测

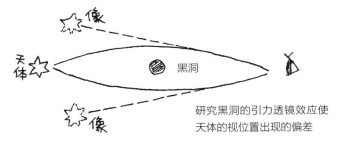

● 图 9-5　寻找黑洞的三种方法

（局部）所受的引力虽然能被抵消，重心以外的部位所受的引力却无法完全抵消（比如，在距离黑洞更近的位置所受的引力比在较远处所受的引力要强）。这种由于引力场强度不同导致物体不同部分受到的引力差被称为"引潮力"。

飞船受到的引潮力等于靠近天体的一端（如船头）所受的引力与远离天体的一端（如船尾）所受的引力之差。

因此，当飞船靠近黑洞时，或许无法直接探测到引力场；但如果能探测到引力之差的引潮力，就能预测黑洞的存在。

飞船所受引潮力的大小与黑洞的质量成正比，与同黑洞距离的三次方成反比，与飞船的尺寸（长度）成正比。在此无须使用相对论，用牛顿的万有引力定律就能推导出来。

举例来说，当一个质量 10 倍于太阳质量的黑洞（半径约为 30 千米）靠近长度 100 米左右的飞船时，我们能估算出作用于飞船船体的引潮力大小。当飞船距离黑洞 240 万千米（3.4 倍太阳半径）时，引潮力的大小为地球表面重力的一百万分之一。而当飞船距离黑洞

0.034 倍太阳半径时，引潮力才与地球表面的重力相同。

也就是说，黑洞的引潮力只有在距离很近时才能探测到。

第二种方法是探测黑洞放射出的 X 射线。我们已经知道，太空并非完全的真空。在星际空间内，平均每立方厘米约存在 1 个氢原子。而运行于星际气体间的黑洞，会用自身的引力吸入前进路线上的星际气体。虽然黑洞本身并不发光，但被吸入的气体温度升高后会发光。这个过程被称为"霍伊尔－利特尔顿吸积"，科学家对此已进行过深入的研究。并且，已知黑洞吸入气体的亮度与黑洞质量的平方成正比，与星际气体的密度成正比，与黑洞速度的立方成反比。

让我们举个例子来估算一下。例如，一个质量 10 倍于太阳质量的黑洞在密度为每立方厘米 1 个氢原子的星际气体中以 10 千米 / 秒的速度运动。此外根据质能方程，被黑洞吸入的气体具有等价于其质量的能量（"静能"），不妨假设其中有 10% 转化成了光。

在这种情况下，黑洞在半径约为 180 天文单位的宇宙空间里，以 370 亿千克 / 秒的速度吸收气体，结果就是黑洞周围的气体以 0.87 倍于太阳的亮度闪耀。气体的温度非常高，因而会放射出强烈的 X 射线。

因此，在落入黑洞的气体中探测高能 X 射线这种方法是很有希望的。然而，在星际气体密度较小的区域或者黑洞高速运行的情况下，有可能探测不到多少 X 射线。

第三种是我认为最有希望的方法：利用引力透镜效应来探测黑洞。

我们已经知道，光在天体的引力场中会弯曲。可以说引力场发挥的作用就是像透镜那样将光聚集在一起。这就是"引力透镜效应"。假设目标天体与地球之间存在一个黑洞，由于黑洞的引力透镜效应，从地球上观测到的天体的方向看上去发生了偏差，形成圆弧状或环状的像，天体看上去更亮了。

在飞船上用引力透镜效应探测黑洞的方法就是观测飞船行进方向的星空，用极高的精度扫描天体的位置，检测出天体分布因引力透镜效应而出现的系统性扭曲。

让我们来具体计算一下。假设在飞船前方的某处存在一个质量 10 倍于太阳质量的黑洞，而飞船上望远镜的探测精度是 0.1 角秒（现有技术精度）。用这个装置能够探测到引力透镜效应的距离约为 26.5 光年。这个距离足够大了。

因此，如果使用引力透镜探测法，即使探测精度没这么高，也能在足够远的安全距离处探测出黑洞的存在。而且用这个方法只需扫描天体的位置并与星图（星表）作比较，不必依赖不怎么聪明的船员，以现有技术完全可以实现自动探测。

在将来的太空计划中，不，首先在当前的电影和虚拟世界里，我希望在描绘与黑洞遭遇的情况时能将这些方法用进去。什么？突然遭遇黑洞而陷入危机更刺激？那就发挥各位的真本领，制造点新的危机吧。

黑洞不是死的

黑洞是爱因斯坦没想起来，或者不如说错过了的一道难题。

自 20 世纪 70 年代人们首次发现黑洞候选体以来已有 50 年。围绕黑洞而形成的宇宙图像已发生了很大变化。由黑洞产生的宇宙图像一言以蔽之，即"剧烈活动的宇宙"。

第一，一说起黑洞我们就想到空间的裂隙、宇宙中的陷阱、除了引力探测完全无法用眼睛看到的存在，这些曾是常识。然而这些"常识"已经被颠覆了。也就是说，吸入周围的气体、被等离子体所形成的"光衣"（吸积盘）所包裹的黑洞形象是可以呈现在人们面前的。

第二，传统天文学的中心法则认为宇宙的能量源是核反应。引力能虽然也在考虑范畴内，但始终被认为是次要的。然而今天我们已经知道，引力能是重要的能量源，它令各种各样的天体发光，甚至黑洞也因吸入周围的气体而发光。黑洞系统是宇宙的"引力发电站"。最有意思的是，核聚变反应也好，黑洞也好，都是相对论的产物。

第三，以往我们认为宇宙中发光的就是恒星。然而黑洞同其周围的高温气体所形成的却是倍加明亮的天体系统。实际上，恒星的表面温度低则几千℃，最高几万℃。而黑洞周围气体的温度低则 10 万℃，高则可达 1 万亿℃。因此，根据质能方程，黑洞周围包括正负电子对的产生和湮没等，在频繁地进行着物质和能量的转换。

第四，黑洞并不只是存在而已。它吞噬恒星、吸入星际气体而逐渐变大。结果就是，如果条件允许，质量差不多 10 倍于太阳质量的黑洞能在几十亿年的时间里，成长为质量数十亿倍于太阳质量的黑洞。

最后，自古以来主流的观点认为天体是静止不变的。那些扰乱永恒天空秩序的或被称为"惑星"，或被称为"扫帚星""客星"，被视为不祥之兆。然而黑洞却将这种观念彻底打碎了。黑洞的周围频繁地发生着非常剧烈的现象。在这个意义上，也可以说本是恒星遗骸的黑洞，恰似从冥界复活的怪物，将粗暴发挥到了极致。

通过研究再临的愤怒之神——黑洞时空的性质，我们一定能构建出更为先进的宇宙图像，找到线索来读懂活动的宇宙。谁知道我们能不能从此处到达爱因斯坦未曾料想过的更为广阔的世界呢？

第十章

生平最大的失误——静态宇宙与膨胀宇宙

作为宇宙结构的中心对称解，
场方程的解既可以是静态的，
也可以是动态（时变）的，
这一点已经很明显了。[3]

人类是如何理解宇宙的

　　爱因斯坦的广义相对论是描述我们这个宇宙的理论，这一点已经很明确了，它让我们第一次对宇宙的结构有了准确的了解。这一章，让我们先来回顾一下通往广义相对论的那条漫长之路。

　　听到"宇宙"这个词，大家会想象出怎样的图景呢？真空、黑暗、广阔、遥远之类的吗？在遥远的古代，人们对宇宙的起源和运行机制的想象可谓天马行空。

　　在古巴比伦人的创世神话中，创造之神马尔杜克降服了混沌，将天地分开并创造了人类。在他们的想象中，自己居住的中央大陆被海洋所包围，海洋之外的大地尽头被亚拉拉特山所包围。高耸于远方的亚拉拉特山支撑着半球形的天空，太阳从山东侧的出口出去，在天上转一圈后再从山西侧的入口落回。这就是他们的世界。

在古埃及神话中，天空女神努特覆盖住天空。她每天清晨将太阳从口中吐出，晚上再吞回。

古印度的宇宙观大概是最广为人知的吧：大地由四头大象所支撑，大象踩在大龟的壳上，而大龟又趴在盘踞的大蛇身上。

中国古代的宇宙观认为起初一切都处于混沌之中，混沌中生出了巨人盘古。一万八千年后，清浊两部分上下分开，形成了天和地。天升得越来越高，地沉得越来越深，盘古长得越来越高，世界变得越来越大。盘古死后，万物从其尸体上生长开来。

在古希腊神话中，最初诞生的是混沌之神卡俄斯，其次是大地女神盖亚和代表冥界的地狱神塔尔塔洛斯。此后，泰坦巨人和有名的奥林匹斯众神才相继登场。

在北欧神话中，起初没有天地，只有无底而虚空的深渊——金伦加鸿沟。宇宙中心是世界之树，它支撑着整个世界。

古人眼里的宇宙形象起初都是混沌无序的，通常都有巨人的存在。虽然有这些共通的形象，但多少还是反映出那个时代的文化和生活环境。朴素而直观的神话传说年代过去后不久，自然哲学家对宇宙的探讨就开场了。

托勒密（公元 2 世纪）认为宇宙的中心是地球，太阳、月亮和恒星绕着地球转动。这就是所谓的"地心说"。地心说与基督教教义一起在接下来的 1400 年间统治着西方世界。

哥白尼（16 世纪）认为太阳是宇宙的中心，地球和行星绕着太阳转动，它们被恒星天（恒星被固定于其上的天球）所包围。这就是"日心说"。被后世称为哥白尼革命、概述了哥白尼宇宙观的《天体运行论》，直到 1543 年 5 月 24 日哥白尼去世的前一刻才出版。

真正现代意义上的日心说提倡者当属开普勒（17 世纪）。他于 1609 年出版了《新天文学》，在书中他第一次指出行星的轨道不是正圆而是椭圆（开普勒第一定律）。顺便提一句，开普勒第二定律（等面积定律）也是在《新天文学》中发表的，而第三定律（周期定律）是在其 1619 年出版的《世界的和谐》中公布的。

确立哥白尼体系的是伽利略·伽利雷（17 世纪），其盛赞哥白尼体系的《关于托勒密和哥白尼两大世界体系的对话》出版于 1632 年。

当78岁的伽利略于1642年离开这个世界后，牛顿诞生了。如前所述，牛顿构建了相对论之前的经典力学体系。在埃德蒙多·哈雷的劝说下，牛顿发表了其思想的集大成者——《自然哲学的数学原理》，那是在1687年。此后的二百多年间，牛顿力学体系支配着从微观分子到宇宙中的天体的所有力学现象。牛顿的宇宙是无限大的绝对空间。

这些自然哲学家的世界观同样也反映了其所处时代的文化、自然哲学以及自然科学。这是很自然的。但他们的世界观建立于观测结果及其推论或数学模型之上，从这个意义而言人们对宇宙的描绘越来越客观。只是比起以整个宇宙为图景的古代宇宙观，以太阳系为中心的宇宙观略显小家子气。

接下来，爱因斯坦于20世纪初构建出将时间、空间与物质联系在一起的广义相对论。它不是单纯的思考和推论，而是基于对宇宙最深切的洞察，以数学为手段演绎推导而出的理论。至此，我们第一次将宇宙理解为包含所有时间、空间和物质的四维时空。但即便是爱因斯坦，也应该受到了其所处时代的哲学背景的影响吧……

　　不过，如果追溯宇宙（世界）这个概念的根源，会发现在东方的宇宙观中，宇宙（还有世界）的概念本来就包含了所有的时间和空间。在"宇宙"和"世界"这两个词中，

　　"宇"和"界"= 空间

　　"宙"和"世"= 时间

　　它们本来就包含了这样的双重意义。公元前 2 世纪中国的著作《淮南子》中就有这样的说法："四方上下曰宇，古往今来曰宙。"与之相对，英语中的宇宙"cosmos"这个词在古希腊语中表示"和谐"的意思。因此西方的宇宙观或许是另一种样貌。

　　也就是说，如果从"宇宙"与"世界"这两个词原本的意义出发，我们会发现它们的内涵正是广义相对论中的"四维时空"。

　　当我们探究宇宙这个词的意义时，才发现或许相对论的出现正好归还了它原本的意义。

爱因斯坦的终极方程

爱因斯坦用广义相对论将时空与物质的关系以一个方程——"爱因斯坦场方程"——总结了出来（用爱因斯坦的名字命名的方程有很多，有表示能量－质量等价性的质能方程，有量子力学中的爱因斯坦关系式，等等）。那么首先，让我们来试着把这个方程写出来

$$R_{\mu\nu} - \frac{1}{2}\,g_{\mu\nu}R = \frac{8\pi G}{c^4}\,T_{\mu\nu}$$

其中，$R_{\mu\nu}$ 是里奇曲率张量，$g_{\mu\nu}$ 是四维时空的度规张量，R 是标量曲率，$T_{\mu\nu}$ 是能量－动量－应力张量，G 是引力常量，c 是真空中的光速。

此处的张量是一种更为广义的矢量，是一个包含了很多成分的物理量。不过我们先放下它，不必在此纠结。

场方程的左边代表时空的度量结构，即时间和空间的弯曲程度之类；右边代表物质与能量的分布。

重要之处在于，爱因斯坦场方程将时空和物质这

两种不同性质的东西用等号连接了起来（质能方程也是这样将不同性质的事物连接起来的）。如果这个方程是正确的（目前已证明其正确性），那就意味着时空结构和物质之间有密切的相互作用。也就是说，物质因时空的弯曲而运动，时空的弯曲程度又由物质的分布所决定。

这似乎是个先有鸡还是先有蛋的议题，不过类似的关系在日常的人际交往中不也很常见吗？比如，

$$物质 = 人$$
$$时空的弯曲 = 人际关系的牵连$$

这样一转换，可能就很容易理解了。

当人（物质）跟其他同类相距很远时，他们之间就无法产生联系。

当人（物质）相距较近时，就会由于人际关系的牵连而产生联系（因时空弯曲而产生引力）。另一方面，不正是由于这样的联系（时空的弯曲），人（物质）才会或靠近或远离，或不近不远地绕着彼此打转，做出这些复杂的行为吗？

宇宙学原理是什么

爱因斯坦场方程是将时空的结构与物质－能量的分布连接起来的方程。太空中存在着的黑洞等事物都是这个方程推导出来的产物。

并且，爱因斯坦场方程对整个宇宙也同样适用。也就是说，如果能够给出整个宇宙的物质分布，就能通过场方程来决定宇宙的时空结构。或者反过来，如果已经确定了宇宙的时空结构，就能从场方程得出与此结构相适配的物质分布。

另外，关于物质的分布，科学家提出了两个假设。

其一是"均匀性"假设。物质虽然会在局部形成恒星、星系，但并不会偏向于宇宙的某个点，即没有哪个点是特殊的。当我们在整个宇宙中求平均值时，会发现物质是均匀分布的。

其二是"各向同性"假设。物质并不会偏向于宇宙的某个方向，即没有哪个方向是特殊的。物质的分布没有方向性，无论从宇宙的哪个方向看，物质的分布总是相同的。

乍看之下会觉得，如果物质是均匀分布的，就会是各向同性的。然而却存在物质均匀分布却并非各向同性的情况，比如当物质呈带状分布时。因此"均匀性"假设和"各向同性"假设是相互独立的。

如今，"均匀性"假设与"各向同性"假设一起被称为"宇宙学原理"。这两个假设至今仍是宇宙学中最基本的假设，并且人们也没有发现与这两个假设相悖的观测事实。

静态却不稳定的爱因斯坦宇宙

爱因斯坦以宇宙学原理为大前提（并且简单起见，假设宇宙在空间上是封闭的），提出了"静态宇宙"的设想，他认为宇宙是静止而不随时间变化的。这说明即便是爱因斯坦也会被传统的想法所束缚。话虽如此，爱因斯坦提出静态宇宙的时间是 1917 年，而宇宙在膨胀的证据则是在很久之后才被发现的。

然而，用最初的爱因斯坦场方程是不可能得出静态宇宙的。因为如果宇宙中分布着的只有物质，它们被相互间的引力所吸引，宇宙是无法保持静止的。这就跟让一个很重的球浮在桌子上空那样（见图 10-1 上左），是压根不合理的要求。想想就知道这不可能。

爱因斯坦在此想到的方法就是本章标题中他自称的"生平最大的失误"。他在场方程中引入了所谓的"宇宙常数"。

虽然从力学上来说，让球浮在空中是不合理的，但如果在球底下放一根弹簧，就能支撑住球不让它掉下去（见图 10-1 上中）。球的重量令弹簧收缩，到一定程度

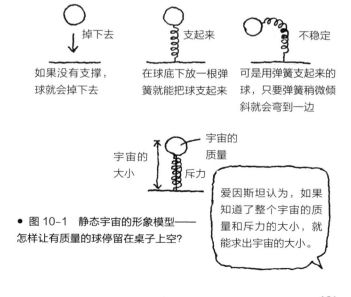

如果没有支撑，球就会掉下去

在球底下放一根弹簧就能把球支起来

可是用弹簧支起来的球，只要弹簧稍微倾斜就会弯到一边

宇宙的大小　宇宙的质量　斥力

爱因斯坦认为，如果知道了整个宇宙的质量和斥力的大小，就能求出宇宙的大小。

● 图 10-1　静态宇宙的形象模型——怎样让有质量的球停留在桌子上空？

后就能取得平衡对不对？由于弹簧的弹力与其收缩的长度成正比，球越重弹簧就收缩得越多，但始终能在某处取得平衡。

就这样，爱因斯坦在表达时空结构的场方程左边增加了一个项，将方程变为

$$R_{\mu v} - \frac{1}{2} g_{\mu v} R + \Lambda g_{\mu v} = \frac{8\pi G}{c^4} T_{\mu v}$$

左边增加的第三项就是宇宙常数 Λ 项。宇宙常数与场方程右边的物质分布无关，它修正了左边的时空结构，作用是为空间中的点赋予被压缩的弹簧所具有的性质。顺便提一句，如果 Λ 项被移到右边，就可以看成是某种能量——正是 2000 年才发现的令宇宙加速膨胀的"暗能量"。

就像球的重量令弹簧收缩并在某处取得平衡那样，物质的引力与空间的斥力取得平衡，令整个宇宙的物质保持静止（见图 10-1 下）。这样一来静态宇宙就能实现了。并且，正如知道了球的质量和弹簧的弹性系数就能求出球的平衡位置那样，如果知道了整个宇宙的质量和斥力的大小，就能求出宇宙的大小了。

就这样，爱因斯坦得出了静态宇宙的结构模型，然

而这个模型几年后就被抛弃了。

　　被抛弃的一个理由是静态宇宙内在的不稳定性。还是用力学来举例，用弹簧支撑的球实际上处于一种很微妙的平衡状态。只要弹簧稍微倾斜，球就会弯向一边（见图 10-1 上右）。这就是不稳定性。同样地，爱因斯坦的静态宇宙也处于这种微妙的平衡状态。如果因为什么原因而稍微多收缩了一点，宇宙就会继续收缩下去。这意味着这个模型在理论上是有缺陷的。

　　不过，否定静态宇宙的最大理由是人们找到了动态而非静态、正在膨胀的宇宙的解，并且宇宙正在膨胀也得到了观测上的支持。爱因斯坦的宇宙常数一时被彻底抛弃了。然而随着暗能量被发现，它如今又完全复活了。

奥伯斯佯谬

　　多说一句，爱因斯坦的静态宇宙也未能解决宇宙学中的难题——"奥伯斯佯谬"。

　　奥伯斯佯谬是德国的眼科医生兼天文爱好者海因里

希·奥伯斯于 1826 年提出的。

"夜空为什么是黑暗的？"

奥伯斯提出这个问题时尚处牛顿的绝对时空宇宙观占统治地位的时代，那时人们还认为宇宙是无限大的，并且是从无限的过去便存在且将永恒存在的。

光的强度与距离的平方成反比，因而星光的强度也会随距离的增加而变暗；可如果星星在整个宇宙中均匀分布，其数量就会随着距离的增大而增加（与距离的平方成正比）。结果就是，无论从多远的距离都能传来同样强度的星光。如果宇宙是无限大的，那它应该是被星光所充满的。

或者换个方式来说，如果宇宙直到无限远处都被星星所布满，那么无论看向宇宙的哪个方向，只要将视线沿着那个方向一直往前延伸，一定会在某处到达星星的表面。因此，无论看向哪个方向都如同看到了星星的表面，哪个方向都应该跟星星表面的明亮程度相当。

也就是说，宇宙无限大的说法无法解释夜空为什么是黑暗的。这就是奥伯斯佯谬。

对爱因斯坦的静态宇宙来说，这个逻辑也同样成立。如果静态宇宙是永恒存在的，那其中必将布满星光，这与夜空是黑暗的相矛盾。

不过到了今天，基于宇宙正在膨胀和宇宙的年龄是有限的这两个原因，奥伯斯佯谬已经被解决了。首先，由于宇宙在膨胀，星光会变得稀薄，从远方传来的光整体上会变暗。其次，由于宇宙并非从无限遥远的过去就存在，而是诞生了不过一百多亿年，这段时间还不足以让星光遍布整个宇宙。

虽然人们常常只用第一点来解释奥伯斯佯谬，但宇宙的年龄是有限的这一点也是重要的因素。

正在膨胀的宇宙

我们所生活的这个宇宙正在膨胀，这是一个不光在理论上成立，也被观测所证实的事实。

然而，从广义相对论得出膨胀宇宙模型的却不是爱因斯坦。1922 年，亚历山大·弗里德曼解出不含宇宙常数的原始爱因斯坦场方程，第一次表明场方程存在动态膨胀解。1927 年，乔治·勒梅特进一步指出包含宇宙常数的场方程也存在膨胀解。

在此，让我们试着用描述静态宇宙时所使用的力学形象来描述膨胀宇宙。

静态宇宙对应着的是由弹簧支撑浮在空中的球，而膨胀宇宙对应着的是从地上抛出一个球的状态（见图 10-2）。球的高度相当于宇宙的大小（半径），球的上升速度相当于宇宙的膨胀速度。因此，如果知道了宇宙现在的膨胀速度和宇宙的大小，就能知道宇宙的年龄。宇宙的年龄在 100 亿年左右，这一点已经广为人知。最近的研究将其确定为 138 亿年。

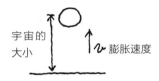

宇宙的
大小

膨胀速度

用向上抛出去的球的状态来表示膨胀宇宙。
初速度较小的话，球终将落回来；初速度如果等于逃逸速度，球会在无限远处速度变为零；初速度如果比逃逸速度更大，球在无限远处的速度也将大于零。

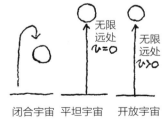

无限
远处
$v=0$

无限
远处
$v>0$

闭合宇宙　平坦宇宙　开放宇宙

● 图 10-2　膨胀宇宙的形象模型

如果把球向上抛，会有三种可能的结局。如果球的初速度较小，上升速度会逐渐变慢并最终变成零，然后掉下去。也就是说，如果宇宙早期的膨胀速度不够大，宇宙起初仍在膨胀，但总有一天膨胀的速度会变成零，然后开始向内收缩，宇宙开始变小。这样的宇宙就是所谓的"闭合宇宙"。

如果球的初速度刚好等于逃逸速度，球会飞向无限远处，并且在接近无限远处时速度也接近于零。也就是说，如果宇宙的膨胀速度达到某一个特殊值，宇宙就会永远膨胀下去。但随着时间的推移，膨胀速度会接近于零。这样的宇宙就是"平坦宇宙"。

如果球的初速度进一步增大，球会飞往无限远处，且在无限远处的速度也大于零。也就是说，如果宇宙的膨胀速度足够大，宇宙就会永远膨胀下去，并且膨胀速度不会变成零。这就是"开放宇宙"。

我们的宇宙实际上会变成什么样，目前还待讨论。从对宇宙中现有物质的观测和理论上的要求出发，很多研究者认为我们的宇宙不是闭合宇宙，而是平坦宇宙或开放宇宙。

顺便说一句，由于宇宙在膨胀，如果往回追溯，宇宙就应该是逐渐变小。与此同时，宇宙中物质的密度就会逐渐变大，温度逐渐升高。换言之，可以认为宇宙是从高温高密度的火球状态开始，膨胀到今天这个地步的。这就是乔治·伽莫夫所提出的"大爆炸宇宙论"的要义。大爆炸并非是在无限大的空间中的某个点发生了大爆发，而是整个空间的爆发，是时间和空间诞生时的大爆发。

宇宙在膨胀的观测证据包括哈勃定律和宇宙微波背景辐射。

哈勃定律是在爱因斯坦提出静态宇宙 12 年后的 1929 年由埃德温·哈勃所发表的。他在研究遥远星系的运动时发现，星系正在远离我们而去，并且越遥远的星系会以与距离成比例的越快的速度远离我们。星系的退行正是整个宇宙在膨胀的直接证据。实际上，据说爱因斯坦去美国时听了哈勃的讲解，认可了宇宙在膨胀的说法。

而宇宙微波背景辐射是由阿诺·彭齐亚斯和罗伯特·威尔逊于 1965 年发现的。如果如伽莫夫所言，宇宙是从高温高密度的火球状态开始的，那么光的痕迹一定会残留下来。当然，由于宇宙在膨胀，火球的温度会下降，光（辐射）的温度也会下降，可能非常低，但一定会留下痕迹。并且，由于整个宇宙曾是一个火球，火球的余辉不会只存在于某个方向，而是会残留在宇宙的各个方向。而彭齐亚斯和威尔逊真的发现了存在于宇宙各个方向的黑体辐射。这成了支持大爆炸宇宙论的强有力证据。

让我们来预测一下宇宙的未来

过去的宇宙是一个火球，这我们已经说过很多次了。那么未来的宇宙又会是什么样的呢？宇宙的未来是非常非常遥远的未来，相关的讨论并不多。那么在此，我来简单介绍一下相对论所预言的宇宙未来。

前文我们已经说过，相对论的宇宙模型有三种，分别是闭合宇宙、平坦宇宙和开放宇宙。然而，闭合宇宙的可能性几乎没有，在此我们就来探讨永远膨胀下去的宇宙。

现在 自大爆炸开辟了整个宇宙以来，已经过了约 138 亿年。宇宙中形成了恒星、星系等各种各样的结构，恒星的周围总有很多行星，大概也有如地球这般哺育了生命的行星吧。夜空被星星所点亮，我们出现并生活于其中的这个时代，就是宇宙的现在。

地球的未来　距今约 50 亿年后，太阳中心的氢元素燃烧殆尽，太阳会膨胀成为红巨星，膨胀将近 100~200 倍。届时太阳会吞没地球的轨道，膨胀到火星的轨道附近。

地球一定会被变成红巨星的太阳所吞没、熔化并蒸发掉吗？实际上红巨星的大气非常稀薄，比地球的大气还要稀薄，地球所受到的损害或许会出乎意料地小。并且随着太阳的膨胀，太阳的外层大气会一点点逃向太空，太阳的质量一定会比现在小很多。而当太阳的质量变小时，地球的轨道就会向外移动。例如，当太阳的质量减少为目前的一半时，地球的轨道半径就变为现在的两倍。或许到那时候地球就不会被太阳所吞没了。

银河系的未来　我们的太阳系所在的银河系是由约 2000 亿颗恒星组成的星系，而银河系附近（说是附近其实也有几百万光年的距离）存在着包括大小麦哲伦云和仙女星系等在内的约 20 个星系。在这样的星系集团（小的叫作星系群，大的叫作星系团）中，时不时会发生星系间的碰撞与并合。实际上，仙女星系跟我们的银河系正在靠近，大概会在约 40 亿年后跟银河系发生碰撞。即便星系发生了碰撞，其中的恒星之间也不会直接发生碰撞（恒星的分布非常稀疏）。但由于星系整体的引力场互相吸引，两者会并合成一个整体。几百亿年后，包括银河系在内的 20 个星系所形成的星系群应该会全部并合，形成一个大集团。其他星系团大概也是同样的命运。

恒星的未来 虽然星系的并合不会对恒星造成什么影响，但恒星本身是有寿命的：大质量恒星是几百万年，质量与太阳相当的恒星约为 100 亿年，即便是寿命最长的小质量恒星也不超过 10 万亿（10^{13}）年。当然，如果作为恒星原材料的星际气体残存下来，也有可能诞生新的恒星。然而最终气体也会枯竭，不会再有新的恒星诞生。恐怕到了 10 万亿~100 万亿年之后的未来，最后的星光也会消失，黑暗的帷幕终将落下。

在最后的星光逐渐消失的阶段，宇宙中剩下行星、褐矮星、白矮星、中子星、黑洞、少量稀薄的气体和尘埃、中微子、暗能量以及大量的光子。虽然这是一个光

191

子能量很低的几乎黑暗的宇宙，但引力的相互作用残存了下来。

物质的未来　即使其中的恒星几乎都变为白矮星、中子星或黑洞，星系成为了没有光的黑暗星系，受牛顿万有引力定律支配的力学作用仍在发生。黑暗星系继续并合，原先存在星系团的地方会出现超巨大黑暗星系。如今的星系中心都存在一个 1 亿倍太阳质量的超大质量黑洞，而在超巨大黑暗星系的中心，或许会存在一个大到不可思议的黑洞。

话说回来，即便是在普通恒星的光都熄灭之后的黑暗宇宙里，偶尔出现闪光也不是不可能。比如褐矮星和白矮星发生碰撞时，释放出能量的一瞬间会发光；如果质量合适，新星因核聚变而发光也是有可能的；也有可能一下子发生超新星爆发；中子星和其他黑暗天体发生碰撞时，也有可能发生 γ 射线爆发；黑洞附近的天体被撕裂后变成高热气体（在被黑洞吸入之前），垂死之前发出最后一束光也是有可能的。

这些都是在 10^{20} 年或者 10^{30} 年那么久远之后的故事了。而到了 10^{34}、10^{37} 年之后的更遥远未来，一切物质的基础——质子开始衰变。如果广义相对论和量子力学能够统一起来，故事或许会有所不同，但至少现阶段的基本粒子物理学是这么预言的。质子衰变后，普通物质——所谓重子物质就不复存在了。

黑洞的未来　质子衰变后宇宙中最后的天体是无数大小各不相同的黑洞。除黑洞外，还存在少量质子衰变前就有的气体、光子、中微子，以及质子衰变之后形成的正电子、中微子、介子、光子等。然而，黑洞在遥远的未来也面临蒸发的命运。

黑洞的蒸发时间与黑洞质量的三次方成正比。比如说与太阳质量相当的黑洞会用 10^{65} 年的时间完成蒸发；100 万倍太阳质量的黑洞要花 10^{83} 年；而位于星系中心的约 1 亿倍太阳质量的超大质量黑洞则要用超过 10^{100} 年的时间来完成蒸发。10^{100} 年对我们来说或许就是永远了，但这仍表示在有限的未来，黑洞会完全蒸发。

黑洞蒸发后，因宇宙膨胀而极度红移、能量变低的光子、中微子、电子与正电子等，如同幽灵一般漂浮在宇宙中。

现代创世神话

过去，牛顿曾用万有引力将天上和地下的规则统一了起来。然而牛顿的宇宙始终是由绝对时间和绝对空间所支配的静态宇宙，是死寂的宇宙（从这个意义上来说，爱因斯坦自己提出的静态宇宙也是没有生机的）。

然而，一个迥异的、动态变化着的宇宙从爱因斯坦的广义相对论中跃然而出。那是一个充满生机的演化中的世界。

此外，在相对论之前从古代到近代的宇宙观中，宇宙都是由混沌无序的状态（chaos）开始，变成现在这个处处和谐的宇宙（cosmos），这样的形象深入人心。然而，相对论之后的现代宇宙观却好像与之相反。也就是说，从大爆炸开始的最初状态的宇宙（从没有任何结构这个意义上来说）更接近有序和谐的宇宙；而后随着星系、恒星、行星乃至生命的出现，各种各样的结构产生了，现在正向着复杂无序的状态变化。

相对论之前和之后，人们对宇宙的看法所发生的转变足以同哥白尼革命相媲美。

　　并且，得益于相对论和量子力学的帮助，今天的我们已经能够预测 10^{100} 年之后的未来。这恐怕是比北欧神话中的诸神黄昏、基督教中的善恶最终大决战以及佛教中的弥勒救苦还要更加遥远的未来。到了这样遥远的未来，生命或者更单纯的任何形式的信息还有可能存在吗？人们想要看到讲述未来的现代神话。而这也是爱因斯坦留下的难题之一。

第十一章

爱因斯坦的梦——世界规则的统一和理解

世界最不可理解之处在于，

世界是可以理解的。[2]

理解物理世界的规则

回顾物理学的发展，我们就会发现这是一条将各种各样的规则或定律"统一起来"的道路。

牛顿将伽利略以来的各种各样的运动定律汇总成牛顿运动定律，然后又用万有引力将以月亮和苹果为代表的天上的力和地上的力统一起来。

麦克斯韦则将此前庞杂的电学与磁学的定律用电磁学统一了起来。

爱因斯坦先用狭义相对论将运动定律与电磁学定律统一起来，同时也将时间和空间统一起来。接下来他又将万有引力定律纳入空间几何学的范畴，总结出广义相对论。广义相对论又将时空与物质统一起来。

就这样，世界的结构和世界运行所遵循的物理定律逐渐明晰起来。

像这样将物理定律统一起来究竟是怎么一回事？

有什么样的意义？让我们将之与日常生活中的游戏作比较，来探讨一下吧。

首先，让我们来考虑户外运动。一个完全不了解棒球的人即使在电视上看到巨人阪神之战，也什么都看不懂，只觉得兴味索然。然而，在观看（观察）了很多比赛后，就会一点点地了解规则：首先要击打投出的球，打完之后就跑，跑完一圈就能得一分，九个人中有时会有人被换掉……这可以类比为伽利略在多次实验后发现在地球的引力场中，较重的球和较轻的球会同时落地（自由落体定律）。

同样地，不了解足球的人在观看（观察）足球比赛后，也会慢慢了解比赛规则……这可以类比为开普勒发现天体运行定律。

了解规则后，人们就会觉得棒球和足球有意思，也能慢慢看懂比赛。同样地，知道自由落体定律和天体运行定律后，我们就会觉得自然很有意思，并且能对未来做出预测。

接下来，人们可能会这样想：既然棒球、足球、相扑等各不相同的竞技体育都能令很多人兴奋，那么它们是不是有某种共同的基础、共同的基本规则？也就是说，它们基本都是分为 2 组（或多组），相互竞争定输赢的游戏……这样的认识就是统一的第一步。在伽利略所发现的地上的自由落体定律与开普勒所发现的天上的天体运行定律的基础之上，还存在着万有引力这一共通的规则，这正是这样的统一。

现在让我们将目光转向室内游戏。长久以来，纸牌、麻将等诸多室内游戏（或者说桌游）一直很流行，让我们把它们类比为自伽利略以来尚未被牛顿汇总的物体运动定律。

与这些室内游戏相对的，是近来极为流行的电子游戏。电子游戏最初分为很多种类，如角色扮演类型、动作类型、仿真类型、探险类型等。动作和角色扮演虽属不同类型，但近来已有将二者结合在一起的动作型角色扮演……对，正如在过去被认为是两回事的电和磁被麦克斯韦用电磁学结合起来了那样。

那到了这一步，相对论就该出场了。虽然有些刻意，但我们不妨分几步来试试看。

首先是狭义相对论。如今，不管是纸牌还是麻将，从前的那些室内游戏都能变成电子游戏了，关键词是虚拟……像这样把所有室内游戏都变成电子游戏的操作，就可以看成是狭义相对论将牛顿的运动定律与麦克斯韦的电磁学统一起来。关键词当然是光速不变。

然后是广义相对论。让头脑动起来的电子游戏和让身体动起来的竞技性运动如同惯性系的运动与引力那样，是性质不同的两回事。但它们都能刺激肾上腺素的分泌、使人兴奋起来，都诉诸人的本能和最原始的直觉，这可以说是它们共同的基础。从"能力、技能的竞争"这个意义来说它们都是游戏。实际上，电子竞技不是已经冒头了吗？像这样把电子游戏和竞技性运动统一成游戏之后，游戏就大致相当于体现世界框架的广义相对论了。此外，游戏中胜负分明，任何情况都对应着某个确定的结果。从确定性这个角度来说，无论游戏还是广义相对论都是经典的。

然而，人类的乐趣或者说娱乐除了游戏之外还有很多种：比如音乐，听到喜欢的曲子会觉得身心舒畅；或者绘画，美丽的图画能润泽心灵。此外还有小说、戏剧和电影，精心构思的故事能让人怦然心动。然而在这些领域却没有像游戏那样确定的胜负。虽然也有诉诸五感、令人心情愉快之类的规则，但这类规则是相当暧昧不定的，这就跟量子力学的不确定性有些相似了。

　　游戏与游戏之外的娱乐有可能统一在一起吗？正如人们至今仍在尝试将广义相对论与量子力学统一起来那样。它们的关键词会是"刺激而动人"吗？

　　这么一思考，就能知道物理世界的统一不过是将支配物理世界的规则变成共通的而已。或者就像爱因斯坦说过的那样，"用最少的规则来解释万事万物"。

　　此外，理解物理世界或许确如爱因斯坦所说，"世界是可以理解的"这一点本身就是不可思议的。但这也是非常令人愉快的。啊，原来如此！豁然开朗的一瞬间所能体会到的舒畅是无与伦比的。我认为这种理解的本质并非数学公式，虽然在计算具体数值时会用到它们。世界规则的本质一定更依赖直觉与感性而非数学。

　　通过运动与游戏的例子我们还能领悟到，只有投入了情感，才有可能参与进去。我们人类无论愿意与否，无论是否意识到这一点，其实都是从生下来的那一刻起就被动地成为这个物理世界的一员。如果对这个世界一无所知，与这个世界毫无联系的话，那也太可惜了。比起旁观，游戏要亲自参与才能领略个中趣味；而要理解物理世界，也只有积极自主地参与到物理世界中来才行。

理解人类世界

"大家的未来，我们的未来，就由钢巴斯塔来创造吧！"

这是 1988 年的动画《飞跃巅峰》中，女主角高屋法子搭乘人形最终兵器钢巴斯塔（Gunbuster）向袭击地球的宇宙怪兽发起进攻时大声喊出的宣言。随着人类与宇宙怪兽的大决战逐渐临近，观众们迎来了令人感动的最后一集。动画将亚光速航行时的浦岛效应和黑洞附近的时间变慢运用得得心应手，是相对论爱好者的必看动画。《飞跃巅峰》的故事所设定的 2015 年已经过去，宇宙怪兽尚未来袭，我们的未来将由我们自己创造。

爱因斯坦所期望的虽然是充满博爱精神的和平世界，但他认为这样的和平在某些情况下只有在取得胜利后才能实现。这就是"战斗的和平主义"。我被这种理念所触动是在高中的图书馆，至今那种感受仍然强烈。

介入到环境中，为了更好地生存而改变周遭的世界；为自己和同类开疆拓土；或者只是单纯地抱着想赢的战斗之心而行动：这样的行为模式恐怕是根植于人乃至生物的本能之中的东西，或许就是进化的原动力之一。因此我觉得，只要人类还是人类，那么无论多么努力也无法消除战斗和纷争。因意识形态或宗教差异所引发的纷争也好，因歧视（性别歧视、种族歧视、民族歧视）而产生的冲突也好，都很难彻底根除。

另一方面，战斗或许是进化的原动力，却不利于实现保存自身并维持所属物种的生物学目的（先不讨论"战斗／战争是坏的"这个伦理／哲学上的议题）。的确，打倒敌人的策略在短期内或许是必要的，但从长期来看，与敌人携手或许才是正确的策略。

因此，无论理性是否真的存在，我们总得发挥些它的效力，做出某种形式的妥协。

谈论战争、国家这些宏大的事物我其实并不在行，不如我们把目光转向身边的人际关系吧。人际关系也是多种多样的。爱与恨，理解与误解，尊敬与轻蔑，憧憬与羡慕，关注与无视……我们会被卷入各种各样的情绪之中。

我们下意识地分辨每一种情绪，培养或者遗忘，坚持或者回避，日子就这样一天天过去。

即便是只在某种程度上达成与他人的相互理解，也是相当困难的，有时候可能要花费数年的时间。人类作为自然的一部分，也跟自然一样不可貌相。并且人类会与环境（尤其是他人）相互影响，时刻发生变化。

然而无论是自然还是人类，想理解对方，所用的方法大致还是相同的。首先一定要收集与对方相关的信息，而且不能是二手信息——第一手的信息更加重要。因为来自外部的二手信息（传闻）通常没那么可靠。那些信息即使在比较好的情况下也是极尽夸张之能事，糟糕的时候则牛头不对马嘴（然而人类又很容易被流言所左右）。无论写的还是说的都不一定可靠。如果说读了这本书就能了解我（福江纯）——这或许是一个切入点，但本人多半是完全不同的，因为我只是在公共场合扮演了这样一个角色，这可以说是一种角色扮演（我近来很怕在公共场合表露自己）。

说到底，要想理解对方，就要观察对方的言行举止，或者多与对方交谈，总之近距离的直接互动是很有必要的，因而常常要花很多时间。但最终我们会知晓彼此言行间的规则（尺度、价值观），对彼此的了解进一步增进，达成共识，进入合拍的状态——这样两人就达成了统一。

这样看来，对人际关系的理解和统一就跟对自然界或者说物理世界的理解很相似了。然而，两者之间有一个根本性的不同。由于价值观的多样性，人类世界有无数的规则（尺度、价值观）。很多人际关系的破裂是由于一方或双方无视对方的规则而发生的。因此所谓合拍或者说价值观相同实际上只是二者相似罢了（我认为人们经常说的"夫妻间同声同气"只是由于在几十年的时间里，双方获得了足够多的信息，价值观也随对方一同变化而趋于近似）……然而，人类是如此复杂多样，若能遇到规则（价值观）相似的人，竟能懂得彼此，仅此便足以称为奇迹了。若能遇到这样的人，一生之中哪怕只有一次，或许也是跟爱因斯坦发现相对论一样了不得的事呢。

是我想复杂了吗

最近我去电影院的次数明显变少了。一方面可能是没时间，另一方面也是因为能吸引我去电影院看的电影越来越少了。这样的我却在 2016 年的节分日，在处理学生成绩和毕业论文的忙碌间隙，"特意"走向电影院。是的，我是为了观看期待已久的《星球大战7：原力觉醒》。

《星球大战》不用我再多说什么了。它明面上是银河帝国与义军之间的战争，内里是堕入黑暗原力的父亲与刚刚成为绝地武士的儿子之间的对决。在此前出品的《星球大战》系列4、5、6中，比起不怎么可爱的公主和没用的主人公卢克·天行者，自如地操控"千年隼号"的汉·索罗船长更酷，卢克的父亲阿纳金/达斯·维达更具影响力。此外，在前传的《星球大战》1、2、3中，阿纳金惑于阿米达拉女王的美貌而堕入黑暗，在我看来也是没有办法的事。就在我以为没有后传可看的时候，第7部出来了。这可不能不看呀！虽然观看之前我已经对出场人物什么的做了一些功课，但还是出乎意料地如坐云霄飞车一般紧张。两个小时一转眼就过去了。我的两手都攥出了汗，看完想必体能也得到了锻炼。

接下来是2016年出品的外传《侠盗一号》（这部也是佳作），然后终于到了2017年的《星球大战8：最后的绝地武士》。我本来很想在冬季公映的时候去电影院看，结果因为各种事情没去成。来年春天，我得到了一张光盘，并终于在 2018 年的六月末看完了，觉得不愧是星战。在第 7 部的结尾，原本软弱无能的主角卢克大变身之后再次登场，第 8 部就是从这个场景开始。两个半小时虽然有点长，但等我反应过来时影片已经结束了。总之，只用看而不用过脑子的感觉真好啊！

不过怎么说呢，看这种视觉冲击力较强的电影时，我会觉得之前所担心的比如情节不好理解之类的问题其实并不重要。

有时我们能相互理解，有时又读不懂彼此，但最终我们都只能拼尽全力地活下去。即使拼尽全力，也常常不能达成所愿。但我们可以通过很多努力换来小小的改变，很多次的交谈也能逐渐促成了解。

人不就是这样的吗？

没有答案的难题

至此，本书以爱因斯坦的名言为引子，思考了各种各样的难题及相关话题。可是学校老师出的题，教科书或习题集上的题，那些一般意义上的"作业"（难题），必定是有答案的，必定存在一个"正确答案"。那么，爱因斯坦留下的难题有正确答案吗？

没有！

自然、宇宙所抛出的难题是没有正确答案的。难题本身就隐藏在自然的表象之下（正是这一点使得爱因斯坦说出"上帝虽狡猾，但并无恶意"）。因此，我们一定要先从表象中找到问题，然后再去寻找答案。运气好的话能找到答案，但也有可能找不到答案，或者相反——找到好几个"正确答案"。爱因斯坦也一样。他用他那世间少有的能力发掘出巨大的问题，找到它们的答案，然后将没找到答案的部分留成了作业。

人际关系也是如此，不存在正确答案或指南，因此才这么费心劳力。

但是，我希望大家能好好想一想。有参考答案或指南的世界的确很令人安心。如果知道接下来会发生什么，怎么做才是最好的，那我们就什么都不用担心了。但是，一切都被决定好了的事情是最无聊的吧。如果用运动或游戏举例，那就是"假赛""攻略书"之类的东西。这些东西是歪门邪道！

　　玩游戏一定要堂堂正正地往前闯。打开后面的那道门会出现什么？按哪个键才能活命？一点点地摸索正确答案，即使跌跌撞撞也要自己一步一步地往前走。每一个瞬间都是紧张而刺激的，或忐忑不安，或欢欣雀跃，就像是生存恐怖游戏。当我们直面包括人类社会在内的自然界时，才能切实地感受到自己活在这个世界里。

　　当我们无惧犯错与失败而踏出了这一步，才会想要好好度过这仅有一次的人生。总有一天我们会发现，自己走出的路正是对自己而言"相对"正确的答案。

后　记

　　1996 年 10 月，给过我很多帮助的大和书房的长谷部智惠女士写来了一封约稿信，这已经是四年前的事了。在与她进行的数次通信中，我向她介绍了部分爱因斯坦名言以及与之对应的章节，我以相对论中的宇宙图像为中心向她介绍了爱因斯坦的研究和思想，就此确定了本书的主题。

　　说实话，起初我对此是有些犹豫的。就像我在前言中所说的那样，市面上有很多关于爱因斯坦的书，我写的书能有什么新贡献吗？我想了以下三点。

　　第一，我觉得将爱因斯坦的名言作为引子而引申开来是一个挺有意思的切入点。我也希望能通过各种各样的形式和媒介来展现相对论世界的奇妙和有趣。

　　第二，市面上的确有很多关于爱因斯坦的书，其中不乏佳作，但也有不少让人伤脑筋的书。挑战包括相对论在内的经典理论并不是坏事，实际上，相对论并非完美的理论，可能总有一天也会被更加优美而统一的理论所代替。但有的书以批评爱因斯坦为噱头，并没什么讨论价值。因此，我才想要增加一本关于爱因斯坦理论的正经书籍。

第三，大概我本人比较离经叛道吧，我总觉得没准我能写出一本与业界权威所写、所指导的书具有不同风味的书来。

出于以上三个原因，我接受了本书的编写邀请。之后的 1997 年，因为我要重点把精力放在与其他几个人合著的英文专著和由我们学校的毕业生制作的用于天文教育的多媒体软件上，最终我只推敲出了本书的结构。1998 年的春天和夏天我写出了第一稿，之后进行了修订并增加了漫画。

我要感谢森永洋先生，多亏了他创作的每章开头的漫画和书中简明的插图，让本书变得通俗易懂。我还要特别感谢为本书立项的大和书房的长谷部智惠女士。当然，最大的感谢献给各位将本书拿在手里的读者们。

福江纯

2000 年于樱花盛开的京都北白川

再版后记

我想在本书的再版后记里稍微聊一下引力波这个话题。

爱因斯坦的狭义相对论和广义相对论预言、预测了各种各样的现象，这些现象几乎都在 20 世纪得到了观测或者实验的验证，20 世纪最后剩下的大难题就是尚未直接探测到引力波（1979 年人们对脉冲双星的观测已间接验证了引力波的存在，拉塞尔·赫尔斯和约瑟夫·泰勒因间接探测到引力波而获得了 1993 年的诺贝尔物理学奖）。

为了直接探测到引力波，人们在美国路易斯安那州的利文斯顿和华盛顿州的汉福德建设了两个相同的装置，组成激光干涉引力波天文台（Laser Interferometer Gravitional-Wave Observatory，LIGO）。它于 2002 年开始运行。每个装置由两条相互垂直的 4 千米长的臂组成，形成了一套复杂的光学系统。激光器发出的激光束自两臂交叉处分开，在两臂中各自往复多次，最后于交叉处再次叠加并发生干涉后，观测干涉结果就能以超高的精度测量臂长的变化，进而探测引力波（引力波经过地球时会改变臂的相对长度）。实际上，这种激光干涉装置的基本原理与测定光速时所使用的迈克耳孙－莫雷实验装置的原理相同。

将 LIGO 的灵敏度提高 10 倍成为 aLIGO（先进LIGO）后的 2015 年 9 月 14 日，干涉仪的十字臂在上下左右的方向发生了约 0.2 秒的畸变振动，相对畸变的大小虽然是 10^{-21} 这样一个超小的值（相当于一个原子的大小），但仍然能被改良过的 LIGO 检测出来。在直线距离为 3000 千米的利文斯顿（LIGO L_1）和汉福德（LIGO H_1）的两个装置中探测到了几乎同一波形的振动，很明显该振动源自宇宙而不是地球。

可是，H_1 探测到的信号比 L_1 晚了 7 毫秒，因此可以断定引力波来自南半球天空。引力波在经过地球时先后使 L_1 和 H_1 产生了振动（二者相距 3000 千米，以光速行进需要 10 毫秒。由于引力波是从稍微倾斜的方向到来的，因此产生的时间差为 7 毫秒）。

　　这一事件以引力波的首字母及发生日期命名，被称为 GW150914。

　　该事件的相关探测结果于 2016 年 2 月 12 日公布。由于发现了引力波事件 GW150914，长期主导实验的莱纳·魏斯、LIGO 的负责人巴里·巴里什和长期在理论方面起主导作用的基普·索恩获得了 2017 年的诺贝尔物理学奖。这次授奖速度之快是诺贝尔奖史上闻所未闻的。可见直接探测到引力波是科学史上的超大事件。

　　那引力波究竟是什么现象引起的呢？在 GW150914 事件中，是两个黑洞并合产生了引力波。具体来说，由被称为旋近的并合前的变化周期和波形模式可知，并合发生于质量分别为 30 倍太阳质量和 35 倍太阳质量的两个黑洞之间。然后，由被称为衰荡（ring down）的并合后的振动衰减模式可知，并合形成了一个质量约为 62 倍太阳质量的旋转克尔黑洞（自转参数为 0.67）。并合前后质量并不一致，这是因为并合过程中约有相当于 3 倍太阳质量的能量转化成了引力波，一边衰减一边来到地球。最后，根据发生并合时引力波的推算值和到达后的能量衰减率，可知该次黑洞并合事件发生于 13 亿光年外。

　　此后人们不断探测到引力波，除黑洞并合之外，中子星并合时产生的引力波也被捕获到了，用电磁波观测并识别引力波源的多信使观测也取得了成功。

　　这样直接探测到引力波的意义是：1. 验证了 20 世纪唯一未曾被验证过的引力波是切实存在的；2. 确认了黑洞——强引力事件源的存在；3. 为探索宇宙打开了新的窗口，揭开了引力波天文学的序幕。

　　引力波是如何传播的呢？与电场和磁场交替形成所产生的以光速在空间中行进的电磁波相比，有质量物质在加速运动时产生的"时空涟漪"以光速传播就形成了引力波。

　　只是，与电磁力相比，引力的强度非常弱。电磁力能进行被称为偶极辐射的有效辐射，而引力只能进行被称为四极辐射的低效辐射。因此，引力波是一种非常非常轻微的时空波动，只有达到黑洞并合这个级别的事件才能发出能被在地球上的我们探测到的引力波。

　　反过来说，连如此微弱的引力波都能探测到，这不能不说是 21 世纪科学技术的伟大进步。我很期待科学在日本以及世界范围内的发展。

　　包括 2018 年诺贝尔生理学或医学奖的获得者本庶

佑（是我那所高中的前辈校友）在内的近期日本诺贝尔奖获得者已经发出了警告：日本基础学科的现状堪忧。对基础学科的投资就是对未来的投资，这是在"创造未来"。我希望日本能好好展望未来。

话说回来，我是在爱因斯坦去世后的第二年——1956年出生的，彼时关于爱因斯坦的工作还有其他都已成为历史，我只能通过论文、教科书和科学史来了解。一方面，我年轻时见证了黑洞和相对论性喷流的发现（结果我成为了研究黑洞天文学的学者），并且现在连直接探测到引力波这个最后的难题也解决了，能生活在这样的时代我感到很幸运。

可另一方面，与相对论相关的暗物质、暗能量、量子引力、高维时空、多元宇宙等充满神秘与挑战的难题仍然有待解答，年轻人或许有机会亲眼看到它们的答案，这又让我有点羡慕。

这次再版的时候，我将引力波的话题作为后记，修改了之前版本中的一些错漏，但并未对书的主要内容做出改动。只将这二十年来发生了巨大变化的产品（如数码相机）改写成了符合当今技术水平的样子，将已经过时的动画、电影作品换成了有望流传于后世的作品。

最后，我想再次感谢负责策划本书初版的大和书房的长谷部智惠女士，以及为本书绘出有趣插图的森永洋先生。我要对 2003 年为出版本书的文库本付出努力的光文社的小畑英明先生表达谢意。我还要对从众多书籍中发掘出这本书并将之以新版重新推向市面的讲谈社的井上威朗先生表示诚挚的谢意。

当然，最后衷心地对阅读本书的各位读者表示万分的谢意。如果本书能成为一个契机，带您走进充满谜题与奇迹的相对论世界，对作者而言那就是意外之喜了。

福江纯
2019 年元旦于京都吉田山麓

参考文献

每章开头所引用的爱因斯坦名言摘自以下书目。
它们都是了解爱因斯坦及其思想的优秀书籍，
推荐有兴趣的读者阅读。

1　アリス・カラプリス編『アインシュタインは
語る』（林　一／訳）大月書店（一九九七）

2　ジェリー・メイヤー、ジョン・P・ホームズ
編『アインシュタイン１５０の言葉』（ディスカヴァ
ー21編集部訳）ディスカヴァー21（一九九七）

3　金子　務『アインシュタイン劇場』青土社
（一九九六）